建筑结构设计理论与实践

栾金锋　著

吉林科学技术出版社

图书在版编目（CIP）数据

建筑结构设计理论与实践 / 栾金锋著 . -- 长春 : 吉林科学技术出版社 , 2024. 8. -- ISBN 978-7-5744-1813-4

Ⅰ . TU318

中国国家版本馆 CIP 数据核字第 2024BF0983 号

建筑结构设计理论与实践

著　　栾金锋
出版人　　宛　霞
责任编辑　　李万良
封面设计　　周书意
制　版　　周书意
幅面尺寸　　170mm × 240mm
开　本　　16
字　数　　250 千字
印　张　　14.25
印　数　　1~1500 册
版　次　　2024 年 3 月第 1 版
印　次　　2024 年12月第 1 次印刷

出　版　　吉林科学技术出版社
发　行　　吉林科学技术出版社
地　址　　长春市福祉大路5788 号出版大厦A 座
邮　编　　130118
发行部电话/传真　　0431-81629529　81629530　81629531
　　81629532　81629533　81629534
储运部电话　　0431-86059116
编辑部电话　　0431-81629510
印　刷　　廊坊市印艺阁数字科技有限公司

书　号　　ISBN 978-7-5744-1813-4
定　价　　84.00 元

PREFACE 前言

建筑结构设计是根据建筑、给排水、电气和采暖通风的要求，合理地选择建筑物的结构类型和结构构件，采用合理的简化力学模型进行结构计算，然后依据计算结果和国家现行结构设计规范完成结构构件的计算，最后依据计算结果绘制施工图的过程，可以分为确定结构方案、结构计算与施工图设计三个阶段。因此，建筑结构设计是一个非常系统的工作，需要我们掌握扎实的基础理论知识，并具备严肃、认真和负责的工作态度。优秀的结构设计师，不仅需要树立创新意识，建立开放的知识体系，还需要不断吸取新的科技成果，从而提高自己解决各种复杂问题的能力。

我国现代化建设中，建筑工程逐渐成为国民经济发展的支柱产业。社会和科技的发展，对建筑工程管理提出了更高的要求，并对如何解决这些问题给出了具体的措施。建筑工程的重点就是建筑工程施工，建筑工程施工是建筑施工技术管理水平的重要体现，是建筑工程管理最重要的要素。对建筑工程建设进行全方位施工技术管理，能以最佳的建筑施工模式和经济效益模式来提高建筑工程企业的经济效益，不断提高企业的社会影响力，并为建筑工程施工企业的发展赢得更为广阔的生存空间。

建筑施工技术涉及面广，综合性、实践性强，其发展又日新月异。它的任务是研究建筑工程施工的工艺原理、施工方法、操作技术、施工机械选用等方面的一般规律，本书在内容上力求符合国家现行规范、标准的要求；力求拓宽专业面、扩大知识面，以适应市场经济的需要。

本书围绕“建筑结构设计理论与实践”这一主题，以建筑结构设计原理为切入点，由浅入深地阐述建筑工程结构体系、布置及荷载，包括高层建筑的结构体系与选型、布置原则、结构荷载等，诠释了框架结构设计、剪力墙结构设计，分析了地基与基础工程施工、混凝土工程施工实践、砌体工程施

工实践等内容，以期为读者理解与践行建筑结构设计与实践提供参考。本书内容翔实、条理清晰、逻辑合理，兼具理论性与实践性，适用于从事相关工作与研究的专业人员。

由于作者水平有限，书中不妥之处在所难免，恳请广大读者批评指正。

CONTENTS 目 录

第一章　建筑结构设计原理 …… 1

第一节　设计基准期和设计使用年限 …… 1

第二节　结构设计的功能要求和可靠度 …… 2

第三节　建筑结构的设计方法 …… 6

第四节　结构上的荷载最不利分布 …… 23

第五节　建筑结构设计过程 …… 24

第二章　建筑工程结构体系、布置及荷载 …… 30

第一节　高层建筑的结构体系与选型 …… 30

第二节　高层建筑结构布置原则 …… 40

第三节　高层建筑结构荷载 …… 48

第三章　框架结构设计 …… 54

第一节　框架结构内力的近似计算方法 …… 54

第二节　框架结构在水平荷载作用下侧移的近似计算 …… 58

第三节　钢筋混凝土框架的延性设计 …… 59

第四章　剪力墙结构设计 …… 63

第一节　剪力墙结构的受力特点和分类 …… 63

第二节　剪力墙结构内力及位移的近似计算 …… 67

第三节　剪力墙结构的延性设计 …… 69

第五章　地基与基础工程施工 82

第一节　场地平整施工 82

第二节　基坑排降水 84

第三节　基坑（槽）开挖与支护 92

第四节　地基处理与桩基工程 121

第六章　混凝土工程施工实践 147

第一节　混凝土原材料与检验 147

第二节　混凝土现场拌制 161

第三节　混凝土浇筑与检验 168

第七章　砌体工程施工实践 176

第一节　脚手架工程施工 176

第二节　砌体工程施工准备 190

第三节　砖砌体工程施工 196

第四节　砌块砌体工程施工 203

第五节　砌筑工程的质量安全检查验收 216

参考文献 219

第一章　建筑结构设计原理

第一节　设计基准期和设计使用年限

一、设计基准期

设计基准期是指为确定可变荷载代表值而选用的时间参数，也就是说在结构设计中所采用的荷载统计参数和与时间有关的材料性能取值时所选用的时间参数。建筑结构设计所考虑的荷载统计参数都是按50年确定的，如果设计时需要采用其他设计基准期，则必须另行确定在该基准期内最大荷载的概率分布及相应的统计参数。

二、结构的设计使用年限和安全等级

一般钢筋混凝土结构的设计使用年限为50年，若建设单位提出更高的要求，也可以按建设单位的要求确定，具体见表1-1所示。

表1–1　设计使用年限分类

类别	设计使用年限／年	示例
1	5	临时性结构
2	25	易于替换的结构构件
3	50	普通房屋和构筑物
4	100	纪念性建筑和特别重要的建筑结构

结构在规定的设计使用年限内应满足下列功能要求：

(1) 在正常施工和正常使用时，能承受可能出现的各种作用。

(2) 在正常使用时具有良好的工作性能。

(3) 在正常维护下具有足够的耐久性能。

(4) 在设计规定的偶然事件发生时及发生后，仍能保持必需的整体稳定性。

进行建筑结构设计时，应根据结构破坏可能产生的后果（危及人的生命、造成经济损失、产生社会影响等）的严重性采用不同的安全等级。建筑结构安全等级的划分应符合表1-2的要求。

表1-2 建筑结构的安全等级

安全等级	破坏后果	建筑物类型
一级	很严重	重要的房屋
二级	严重	一般的房屋
三级	不严重	次要的房屋

建筑物中各类结构构件的安全等级，宜与整个结构的安全等级相同。可对其中部分结构构件的安全等级进行调整，但不得低于三级。

第二节 结构设计的功能要求和可靠度

一、对结构的功能要求

结构是房屋建筑或构筑物的基本受力骨架。在房屋建筑或构筑物的整个使用期内，结构要承受各种可能出现的外部作用，包括荷载作用（恒载、活载、风载、水压力、上压力等）、变形作用（地基不均匀沉降、材料收缩变形、温度变化引起的变形、地震引起的地面变形等）、环境作用（阳光、风化、环境污染引起的腐蚀、火灾等），并保证房屋建筑或构筑物的安全可靠。

对结构的基本功能要求有：可靠、适用、耐久，以及在偶然事件发生后仍能保持结构的整体稳定。

可靠，就是要保证在整个使用期内，结构能够承受可能出现的各种作用，具有足够的承载能力，不失稳，不倾覆，不形成机动体系。

适用，就是在正常使用时不产生可能影响正常使用的变形（挠度、沉降、倾斜等），以满足生产、生活的要求；不产生影响美观的裂缝或局部损伤，也不产生影响正常生产或使人感到不舒服的振动。

耐久，房屋建筑或构筑物都有一个规定的设计基准期（我国规定为50年）、结构长期承受荷载、变形以及环境的各种作用，会逐渐受到损伤，结构的承载力会逐渐降低、变形、裂缝会逐渐增大，结构材料会受到腐蚀、风

化、冻融、溶解等。因此，结构材料必须具有足够的耐久性，例如耐火、耐水、耐日晒、耐腐蚀、耐冻融等。

在结构的使用期内偶然事件是难免的，例如偶然撞击、局部严重腐蚀、爆炸等。偶然事件往往会造成结构构件的局部损伤或局部破坏，若因此引起结构的整体倒塌，后果将十分严重。工程中通常应设计成超静定结构，或使各结构构件组合成完整的结构体系，即使个别构件破坏失效后，也能进行充分的内力重分布，保证结构整体稳定、不倒塌、不倾覆，把损失控制在局部范围内。

二、结构可靠度的概念

结构可靠度指的是在规定的时间和条件下，工程结构完成预定功能的概率，是工程结构可靠性的概率度量。

根据可靠度理论，安全可靠是相对的，世界上没有绝对的安全可靠。只要失效（破坏）概率小到人们可以接受的程度就可以认为是安全。失效概率和可靠概率具有互补性。

所以，结构的可靠度可用可靠概率来表达，也可用失效概率来表达。多大的失效概率才能为人们所接受呢？这要从以下几方面考虑。

(1) 失效（破坏）后果的严重性，即一旦结构破坏所造成的损失，具体地说，就是结构破坏后的社会影响、人员伤亡程度、经济损失大小等。通常根据结构破坏后果的严重程度，把建筑物分为三个安全等级。

一级为破坏后果严重的重要建筑物，例如供水、供电、供煤气建筑，以及重要的纪念性建筑等；

二级为破坏后果严重的一般建筑物，例如一般的工业与民用建筑；

三级为破坏后果不严重的次要建筑，例如临时性建筑等。

(2) 失效（破坏）前是否有明显的预兆。若结构延性好，破坏前有明显的变形和较宽的裂缝，这会引起人们的警觉，从而尽快撤离，可大大减小破坏引起的损失；反之，若结构脆性断裂，没有明显的预兆，往往会造成生命财产的重大损失。

(3) 人们可以接受的失效（破坏）概率的大小。事实上，这是根据上述结构破坏后果的严重程度，以及结构破坏是否有明显预兆来综合确定的。安全

等级高的建筑，脆性破坏的结构、人们可以接受的失效概率很小；反之，安全等级低，破坏前有明显预兆的延性结构，人们可以接受的失效（破坏）概率相对要放宽一点。

应当指出，上述结构可靠度的概念既适用于整个结构工程，也适用于某个具体的结构构件。以钢筋混凝土简支为例，适筋梁跨中正截面受弯破坏是由纵筋屈服引起的，延性很好，具有明显的破坏预兆，可靠度可以相对小一些，即可以接受的失效概率可以相对大一些；而支座附近斜截面受剪破坏属脆性破坏，无明显破坏预兆，可以接受的失效概率应该更小一些。可见在同一构件中各截面的可靠度也可以是不同的。这样，如果这根梁意外超载，跨中正截面由于可靠度较支座斜截面低，会首先发生延性破坏，避免了斜截面没有预兆的脆性断裂，从而减少损失。

三、结构的规则性

（一）对规则性结构的要求

高层建筑不应采用严重不规则的结构体系，而应符合下列规定：

（1）应具有必要的承载能力、刚度和延性。

（2）应避免因部分结构或构件的破坏而导致整个结构丧失承受重力荷载、风荷载和地震作用的能力。

（3）对可能出现的薄弱部位，应采取有效的加强措施。

建筑设计应根据抗震概念设计的要求明确建筑形体的规则性。不规则的建筑应按规定采取加强措施；特别不规则的建筑应进行专门研究和论证，采用特别的加强措施。

（二）对平面规则性的要求

抗震设计的混凝土高层建筑，其平面布置宜符合下列规定：

（1）平面宜简单、规则、对称，减少偏心。

（2）平面长度不宜过长。

（3）平面凸出部分的长度不宜过大、宽度不宜过小。

（4）建筑平面不宜采用角部重叠或细腰形平面布置。

(三) 规范对竖向规则性的要求

(1) 抗震设计的高层建筑结构，对框架结构，楼层与其相邻上层的侧向刚度比不宜小于 0.7，与相邻上部 3 层侧向刚度平均值的比值不宜小于 0.8。对于框架 - 剪力墙、板柱 - 剪力墙结构、剪力墙结构、框架 - 核心筒结构、筒中筒结构，本层与其相邻上层侧向刚度的比值不宜小于 0.9；当本层层高大于相邻上层层高的 1.5 倍时，比值不宜小于 1.1；对结构底部嵌固层，比值不宜小于 1.5。

(2) A 级高度高层建筑的楼层抗侧力结构的层间受剪承载力不宜小于其相邻上一层受剪承载力的 80%，不应小于其相邻上一层受剪承载力的 65%；B 级高度高层建筑的楼层抗侧力结构的层间受剪承载力不应小于其相邻上一层受剪承载力的 75%。(注：楼层抗侧力结构的层间受剪承载力是指在所考虑的水平地震作用方向上，该层全部柱、剪力墙、斜撑的受剪承载力之和)

抗震设计时，结构竖向抗侧力构件宜上、下连续贯通。

(四) 四种规则性的区分

区别规则、不规则、特别不规则、严重不规则的一般标准如下：

(1) 规则。体型简单；结构平面布置均匀、对称并具有较好的抗扭刚度；结构竖向布置均匀，结构的刚度、承载力和质量分布均匀、无突变。(规则结构抗震能力为最佳，但实际中并不多见)

(2) 不规则。结构方案中仅有个别项目 (两项及两项以下) 超过了规定的“不宜”的限制条件，则为不规则结构。(此种不规则为一般性不规则，工程实际中大多为此类不规则。在合理设计的前提下，可具有良好的抗震能力)

(3) 特别不规则。结构方案中有多项 (3 项及 3 项以上) 超过上述条款的“不宜”限制条件，则结构为特别不规则结构。此类结构属对抗震不利的结构，应尽量避免。确实无更佳选择时，亦可采用，但须采取必要的加强措施 (计算措施和抗震措施)，以确保结构的抗震性能。

(4) 严重不规则。结构方案中有多项 (3 项及 3 项以上) 超过了条款中规定的“不宜”的限制条件，而且超过较多，或者有一项超过了条款中规定的“不应”的限制条件，则此结构属严重不规则结构，这种结构方案不应采用，

必须对结构方案进行调整。

无论采用何种结构体系，结构的平面和竖向布置都应使结构具有合理的刚度和承载力分布，避免因局部突变和扭转效应而形成薄弱部位；对可能出现的薄弱部位，在设计中应采取有效措施，增强其抗震能力；宜具有多道防线，避免因部分结构或构件的破坏而导致整个结构丧失承受水平风荷载、地震作用和重力荷载的能力。

第三节　建筑结构的设计方法

一、结构设计方法的演变

随着科学发展和技术进步，土木工程结构在结构设计理论上经历了从弹性理论到极限状态理论的转变，在设计方法上经历了从定值法到概率法的发展，下面做简要介绍。

（一）容许应力设计法

此种方法在19世纪初被提出，是建立在弹性理论基础上的设计方法。该方法将工程结构材料都作为弹性体，用材料力学或弹性力学方法计算结构或构件在使用荷载作用下的应力，要求截面内任何一点的最大应力不超过材料的容许应力，即

$$\sigma \leqslant [\sigma] \tag{1-1}$$

式中：$[\sigma]$——材料的容许应力，由材料破坏试验所确定的极限强度（如混凝土）或流限（如钢材）f除以安全系数k得到，即

$$[\sigma]=\frac{f}{k} \tag{1-2}$$

安全系数k依靠经验确定，缺乏科学依据。该方法认为结构中任意一点应力超过容许应力时，结构即失效，这与实际工程结构的失效有很大出入，不能反映结构或构件失效的本质，因此目前绝大多数国家规范已不再采用。

(二) 破损阶段设计法

此种方法由格沃兹捷夫、帕斯金尔纳克等在20世纪30年代提出。该方法认为结构在使用阶段，考虑塑性应力分布后的截面承载力不应小于外荷载产生的内力乘以安全系数k，即

$$kS \leqslant R \tag{1-3}$$

该方法与破损阶段设计法相比，考虑了结构材料的塑性性能，更接近构件截面的实际工作情况，但安全系数k仍主要依据经验确定，未考虑荷载及材料强度的变异性。该方法只限于构件的承载力计算。

(三) 极限状态设计法

此种方法由苏联学者格沃兹捷夫等在20世纪50年代提出。该方法规定了结构按承载力极限状态、变形极限状态和裂缝极限状态设计。承载力极限状态要求构件可能的最小承载力不小于外荷载在构件截面上产生的最大内力；对构件的变形与裂缝形成或延展加以限制。在安全度的表达上有单一系数和多系数两种，考虑了荷载变异、材料性能变异以及工作条件的不同。在部分荷载和材料性能的取值上，按统计方法分析和经验进行确定。

前三种设计方法都没有把影响结构可靠度的因素作为随机变量来考虑，而是看成了定值；另外，在各系数的取值上，不是用概率方法确定，而是运用定值设计法。

(四) 概率极限状态设计法

此种方法提出了结构可靠度的概念和具体的计算方法，认为影响结构荷载和抗力的各种因素都是随机变量，是一种借助于统计分析确定出结构可靠度而度量结构可靠性的方法。

这种方法按其精确程度可分为三个水准：

水准Ⅰ——半概率法。对荷载效应和结构抗力的基本变量部分地进行数理统计法分析，并与工程经验结合，引入某些经验系数，所以尚不能定量地估计结构的可靠性，是一种半概率半经验的设计法。

水准Ⅱ——近似概率法，又称“一次二阶距法”。该方法以结构的失效概率或可靠指标来度量结构可靠性，并建立了结构可靠度与结构极限状态方程之间的数学关系，在计算可靠指标时考虑了基本变量的概率分布类型并采用了线性化的近似处理，在截面设计时一般采用分项系数的实用设计表达式。我国《建筑结构可靠性设计统一标准（GB 50068—2018）》(以下分别简称为建筑《统一标准》) 都采用了这种近似概率法，且在此基础上颁布了各种结构设计的规范。

水准Ⅲ——全概率法。这是完全基于概率论的结构设计方法，要求对整个结构采用精确的概率分析，求得结构最优失效概率作为可靠度的直接度量。这种方法无论在基础数据的统计方面还是在可靠度计算理论方面都很不成熟，有待于进一步研究和探索，因此目前这种方法还未得到广泛应用。

二、结构功能的极限状态

整个结构或结构的一部分超过某一特定状态就不能满足设计规定的某一功能要求，这个特定状态称为该功能的极限状态。极限状态可分为以下两类。

(一) 承载能力极限状态

这种极限状态对应于结构或结构构件达到最大承载能力或不适于继续承载的变形。当结构或结构构件出现下列状态之一时，应认为超过了承载能力极限状态。

(1) 整个结构或结构的一部分作为刚体失去平衡、倾覆等。

(2) 结构构件或连接因超过材料强度而破坏 (包括疲劳破坏) 或因过度变形而不适于继续承载。

(3) 结构转变为机动体系。

(4) 结构或结构构件丧失稳定、压屈等。

(5) 地基丧失承载能力而破坏、失稳等。超过承载能力极限状态后，结构或构件就不能满足安全性要求。

(二) 正常使用极限状态

这种极限状态对应于结构或结构构件达到正常使用或耐久性能的某项

规定限值。当结构或结构构件出现下列状态之一时，应认为超过了正常使用极限状态。

(1) 影响正常使用或外观的变形。

(2) 影响正常使用或耐久性能的局部损坏 (包括裂缝)。

(3) 影响正常使用的振动。

(4) 影响正常使用的其他特定状态。结构或构件除了进行承载能力极限状态验算外，还应进行正常使用极限状态验算。

三、极限状态方程

设 S 表示荷载效应，它代表由各种荷载分别产生的荷载效应的总和，可以用一个随机变量来描述；设 R 表示结构构件抗力，也当作一个随机变量。构件每一个截面满足 $S \leqslant R$ 时，才认为构件是可靠的，否则认为是失效的。

结构的极限状态可以用极限状态函数来表达。承载能力极限状态函数可表示为

$$Z=R-S \tag{1-4}$$

根据 S、R 的取值不同，Z 值可能出现三种情况，并且容易知道：

当 $Z=R-S>0$ 时，结构能够完成预定功能，处于可靠状态；

当 $Z=R-S=0$ 时，结构不能够完成预定功能，处于极限状态；

当 $Z=R-S<0$ 时，结构处于失效状态。

式

$$Z=g(R,\ S)=R-S=0 \tag{1-5}$$

称为极限状态方程。

结构设计中经常考虑的不仅是结构的承载力，多数情况下还需要考虑结构对变形或开裂等的抵抗能力，也就是说，要考虑结构的适用性和耐久性的要求。由此，上述极限状态方程可推广为

$$Z=g\left(x_1,x_2,\cdots,x_n\right) \tag{1-6}$$

式中，$g\left(x_1,x_2,\cdots,x_n\right)$ 是函数记号，在这里称为功能函数。$g\left(x_1,x_2,\cdots,x_n\right)$ 由所研究的结构功能而定，可以是承载能力，也可以是变形或裂缝宽度等。$x_1,x_2,\cdots,x_n$ 为影响该结构功能的各种荷载效应以及材料强

度、构件的几何尺寸等。结构功能则为上述各变量的函数。

四、目标可靠指标

目标可靠指标是指预先设定的作为结构设计依据的可靠指标，又称设计可靠指标，用 $[\beta]$ 表示。

（一）影响目标可靠指标的因素

目标可靠指标的大小影响到结构的可靠性和经济性。如目标可靠指标定得较高，则相应的工程造价增大，维修费用降低，风险损失减小，可靠性增大；反之，目标可靠指标定得较低，将出现工程造价降低，维修费用及风险损失就会提高，可靠性降低。因此，结构设计的目标可靠指标确定应以达到结构的安全可靠和经济合理的最佳平衡为原则，且综合考虑以下因素后，利用优化方法确定。

1. 公众心理

国外曾对一些事故的年死亡率进行过统计和公众心理分析，认为胆大的人可接受的危险率为每年 10^{-3}，谨慎的人允许的危险率为每年 10^{-4}，而当危险率为每年 10^{-5} 或更小时，一般人都不再考虑其危险性。因此，对于工程结构而言，可以认为年失效概率小于 1×10^{-4} 较为安全，年失效概率小于 1×10^{-6} 是安全的，而年失效概率小于 1×10^{-6} 则是很安全的。在 50 年的设计基准期内，失效概率分别小于 5×10^{-3}、5×10^{-4} 和 5×10^{-5} 时，认为结构较安全、安全和很安全，相应的可靠指标为 2.5 ~ 4.0。

2. 结构的重要性

对于重要的结构，目标可靠指标应定得高一些；而对于次要的结构，目标可靠指标可定得低些。工程《统一标准》将工程结构按照破坏可能产生后果的严重程度，划分为三个安全等级。规范是以一般工程结构的设计目标可靠指标为基准，对于重要工程结构会使其失效概率减少一个数量级，而对于次要工程结构会使其失效概率增加一个数量级。

3. 结构破坏性质

一般结构和结构构件的破坏类型分为延性破坏和脆性破坏两类。延性破坏是指结构构件在破坏前有明显的变形或其他预兆；脆性破坏是指结构构

件在破坏前无明显的变形或其他预兆。由于脆性破坏的结构破坏前无预兆，其破坏后果比延性破坏的结构要严重，因此工程上一般要求脆性破坏的结构的目标可靠指标应高于延性破坏的结构。

4. 结构功能的失效后果

对承载力功能，失效后果严重一些，目标可靠指标应定得高些；对正常使用功能，失效后果稍轻，目标可靠指标应定得低些。

此外，社会经济越发达，公众对工程结构可靠性的要求就越高，目标可靠指标也会定得越高。

(二) 目标可靠指标的确定

目前世界上采用近似概率极限状态设计法的结构设计规范，大多采用“经验校准法”并结合工程经验来确定结构的目标可靠指标。我国工程《统一标准》规定：结构构件设计的目标可靠指标可在对现行结构规范中的各种结构构件进行可靠指标校准的基础上，根据结构安全和经济的最佳平衡确定。

所谓经验校准法指采用可靠度计算方法对原结构设计规范进行反演计算分析，以确定原结构设计规范隐含的可靠度水准，并以此为基础，综合确定今后设计的结构构件目标可靠指标。采用经验校准法确定目标可靠指标是考虑到原结构设计规范已在工程实践中使用了十多年甚至几十年，而出现事故的概率极小这一事实，可认为其可靠度水准总体是合理的，可接受的，因此这种方法在总体上承认原结构设计规范的设计经验和可靠度水平，保持了设计规范在可靠度方面的连续性，同时充分考虑了源于客观实际的调查统计分析资料。

在经验校准法的基础上，建筑《统一标准》规定了我国现行房屋结构设计规范的按承载力极限状态设计的目标可靠指标 $[\beta]$ 值，见表 1-3 所示。

表 1-3　建筑结构按承载力极限状态设计的目标可靠指标 $[\beta]$

破坏类型	安全等级		
	一级	二级	三级
延性破坏	3.7	3.2	2.7
脆性破坏	4.2	3.7	3.2

对于正常使用极限状态下的目标可靠指标取值问题，目前，各工程结构统一标准尚未给出具体规定。建筑《统一标准》根据国际标准化组织编制的《结构可靠度总原则》ISO 23941998 的建议，结合国内近年来对我国建筑结构构件正常使用极限状态可靠度所做的分析研究成果，对结构构件正常使用的可靠度做出了规定。对于正常使用极限状态，其可靠指标一般应根据结构构件作用效应的可逆程度在 0 ~ 1.5 范围内选取。可逆程度较高的结构构件取较低值；可逆程度较低的结构构件取较高值，例如 ISO2394 规定，对可逆的正常使用极限状态，其可靠指标取为 0；对不可逆的正常使用极限状态，其可靠指标取为 1.5。这里不可逆极限状态指产生超越状态的作用被移掉后，仍将永久保持超越状态的一种极限状态；可逆极限状态指产生超越状态的作用被移掉后，将不再保持超越状态的一种极限状态。

此外，正常使用极限状态设计的目标可靠指标还应根据不同类型工程结构的特点和工程经验加以确定。

五、结构概率可靠度设计的实用表达式

按结构概率可靠度的直接设计法进行结构设计时，需要已知结构预先设定的目标可靠指标。并且计算过程烦琐，工作量大，不易被结构工程师应用。对于一般性工程结构，均采用工程师易于理解和应用的可靠度间接设计法。其基本思路是：在确定目标可靠指标以后，通过一定变换，将目标可靠指标转化为单一安全系数或各种分项系数，采用较易接受的设计表达式进行结构设计，且设计表达式具有与设计目标可靠指标相一致或接近的可靠度。

(一) 单一系数设计表达式

如果结构抗力 R 和荷载效应 S 两个变量的平均值分别为 μ_R、μ_S，可采用下列结构设计表达式。

$$k_0\mu_S \leqslant \mu_S \tag{1-7}$$

式中：k_0———安全系数；

考虑到工程设计的习惯，一般采用的设计表达式为

$$kS_k \leqslant \mathrm{R}_k \tag{1-8}$$

式中：k——安全系数。

S_k、R_k——荷载效应和抗力的标准值。

在应用式（1-7）和式（1-8）作为设计式时，须预先确定 k_0 或 k，使该设计表达式具有的可靠性水平与规定的可靠指标相一致或接近。

理论分析可知，采用单一系数表达式，其安全系数与抗力 R 和荷载效应 S 的变异系数以及设计要求的可靠指标 β 有关。由于结构构件的设计条件是变化的，且 R 和 S 的变异系数也是变化的，因此为使设计表达式的可靠性水平与规定的目标可靠指标相一致，安全系数应该不是定值，这给设计工作带来了困难。

（二）分项系数设计表达式

分项系数设计表达式是在设计验算点 P^* 处将构件极限状态方程转化为用基本变量标准值和分项系数形式表达的极限状态设计表达式。

分项系数设计表达式克服了单一系数设计表达式的不足，将单一系数设计表达式中的安全系数转化为荷载分项系数和抗力分项系数。当荷载效应由多个荷载引起时，每个荷载都采用各自的分项系数。

对于结构构件上仅作用有永久荷载和一种可变荷载的简单线性情况，分项系数设计表达式为

$$\gamma_G S_{G_k} + \gamma_Q S_{Q_k} \leqslant \frac{R_k}{\gamma_R} \tag{1-9}$$

式中：S_{G_k}、S_{Q_k}——永久荷载效应和可变荷载效应的标准值；

R_k——结构构件抗力标准值；

γ_{G}、γ_{Q}、γ_R——永久荷载分项系数、变荷载分项系数和结构构件抗力分项系数。假设设计验算点为 S_G^*，　　，R^* 则在设计验算点处其极限状态方程为

$$S_G^* + S_O^* = R^* \tag{1-10}$$

为使分项系数设计法与概率可靠度直接设计法等效，即式（1-9）与式（1-10）等效，则应满足下式

$$\gamma_{\mathrm{G}} = \frac{S_G^*}{S_{G_k}} \quad \gamma_{\mathrm{Q}} = \frac{S_Q^*}{S_{Q_k}} \quad \gamma_R = \frac{R^*}{R_k} \tag{1-11}$$

根据概率可靠度直接设计法确定设计验算点，再利用式（1-11）即可计算出分项系数。从理论分析可知，γ_G、γ_Q、γ_R不仅与给定的结构可靠指标有关，而且与结构极限状态方程中所包含的全部基本变量的统计参数（如平均值、标准差等）有关。若要保证分项系数设计表达式设计的各类构件所具有的可靠性水平与预定的可靠指标相一致，则当可变荷载效应与永久荷载效应的比值ρ改变时（ρ改变将导致综合荷载效应统计参数发生变化），分项系数的取值也必须随之变化。

采用分项系数设计表达式的优点是：能对影响结构可靠度的各种因素分别进行研究，不同的荷载效应，可根据荷载的变异性质，采用不同的荷载分项系数，而结构抗力分项系数则可根据结构材料的工作性能不同，采用不同的数值。

应该注意，在式（1-9）中，取$\gamma_G=\gamma_Q$，再将γ_R移至不等式左边，即得到与式（1-9）等效的单一系数设计表达式为

$$\gamma\left(S_{G_k}+S_{Q_k}\right)\leqslant R_k \tag{1-12}$$

式中

$$\gamma=\gamma_G\gamma_R$$

从上述分析可知，单一系数设计表达式可看作为分项系数设计表达式的特例。

六、规范设计表达式

各国的结构设计规范在确定设计表达式时，几乎都经历了从单一系数设计表达式向分项系数设计表达式的演变。采用单一系数设计表达式，对于同一种结构构件，当荷载效应比值p（即可变荷载效应与永久荷载效应的比值）变化时，可靠指标变化较大，亦即可靠度一致性较差，这是因为可变荷载的差异性比永久荷载大，因此当可变荷载占主要地位时，由同一设计表达式设计的结构，其可靠度将降低。如果采用多系数设计表达式，结构可靠度可获得较好的一致性。与单一系数设计表达式相比，分项系数设计表达式具有较大的适用性，便于处理各种不同情况，因此在国际上得到广泛应用。我国工程《统一标准》采用分项系数设计表达式形式。

为了设计上的方便，规范设计表达式采用了将可靠指标 [β] 考虑在分项系数、材料标准值和荷载标准值的取值以及功能函数中，然后在荷载标准值的基础上，建立承载力极限状态和正常使用极限状态实用设计表达式。下面以建筑《统一标准》为例，给出规范设计表达式的具体形式，其他专业规范给出的表达式与其相似。

(一) 承载力极限状态

对于承载力极限状态，其设计表达式为

$$\gamma_0 S \leqslant R \tag{1-13}$$

上式中荷载效应设计值 S 和结构抗力设计值 R 可以转化为设计人员所用的基本变量的标准值和分项系数，即由 $S=\gamma_S S_k$ 和 $R=\dfrac{R_k}{\gamma_R}$，则

$$\gamma_0 \gamma_S S_k \leqslant \frac{R_k}{\gamma_R} \tag{1-14}$$

式中：γ_0 ——结构重要性系数。

建筑《统一标准》中规定：

(1) 对安全等级为一级或结构设计使用年限为 100 年及以上的结构构件，不应小于 1.1。

(2) 对安全等级为二级或结构设计使用年限为 50 年的结构构件，不应小于 1.0。

(3) 对安全等级为三级或设计使用年限为 25 年的结构构件，不应小于 0.9。

《统一标准》中规定：

安全等级为一级、二级、三级的分别取用 1.1、1.0、0.9。

S. R——荷载效应和结构抗力的设计值；

S_k、R_k——荷载效应和结构抗力的标准值；

γ_s、γ_R ——荷载效应和结构抗力的分项系数。

抗力设计值 R 可以表示为

$$R = R\left(\gamma_R, f_k, a_k \cdots\right) \tag{1-15}$$

式中：R（*）——结构构件的抗力函数，其具体形式在各种结构设计规范的各项承载力计算中得以体现；

f_k——材料性能标准值；

a_k——几何尺寸的标准值。

(二) 正常使用极限状态

按正常使用极限状态设计主要是验算构件的变形、抗裂度和裂缝宽度，使其计算值不超过规范规定的限值，以满足结构的使用要求。由于目前对正常使用的各种限值及可靠度分析方法研究得不够，因此，在这方面的设计参数仍须以过去的经验为基础确定。

一般构件超过正常使用极限状态后所造成的后果，不如超过承载力极限状态严重，不会造成过重的人身伤亡和财产损失，所以其可靠度可以比承载力极限状态计算时有所降低，因此，按承载力极限状态计算时荷载效应与结构抗力均取设计值，则荷载及材料强度均取设计值，而对于正常使用极限状态计算时荷载与材料强度均取标准值。

对于正常使用极限状态，其设计表达式为

$$S_k \leqslant C \tag{1-16}$$

式中：S_k——荷载效应的标准值；

C——结构或结构构件达到正常使用要求的规定限值，例如变形、裂缝、振幅、加速度、应力等的限值，应按各有关结构设计规范的规定采用。

七、荷载效应组合

在设计基准期内，结构除承受永久荷载外，还可能同时承受两种以上的可变荷载，如风荷载、雪荷载等。但承受的可变荷载在设计基准期内同时达到最大荷载值的概率很小。因此，必须研究多个可变荷载效应组合的概率分布问题。

(一) 荷载效应组合规则

1. Turkstra 组合规则

Turkstra 组合规则由 Turkstra 和 Cprnell 提出。该规则轮流以一个荷载效应的设计基准期内最大值和其余荷载的任意时点值组合，即取

$$S_{Ci}=\max S_i(t)+S_1(t_0)+\cdots+S_{i-1}(t_0)+S_{i+1}(t_0)+\cdots+S_n(t_0)\quad i=1,2,\cdots,n \tag{1-17}$$

式中：t_0——$S_i(t)$ 达到最大的时刻。

在时间 T 内，荷载效应组合的最大值 S_c 取为上列各组合的最大值，即

$$S_C=\max(S_{C1},S_{C2},\cdots,S_{Cn}) \tag{1-18}$$

其中任一组组合的概率分布可根据式（1-8）中各求和项的概率分布通过卷积运算得到。

Turkstra 规则组合不是偏于保守的，因为理论上还可能存在着更不利的组合，但由于 Turkstra 规则简单，是一个很好的近似方法，所以得到广泛的应用。

2. JCSS 组合规则

JCSS 组合规则是国际结构安全度联合委员会建议的荷载组合规则。按照这种规则，先假定可变荷载的样本函数为平稳二项过程，将某一可变荷载 $Q_1(t)$ 在设计基准期 [0，T] 内的最大值效应 $\max\limits_{t\in[0,T]}S_1(t)$（持续时间为 τ_1）与另一可变荷载 $Q_2(t)$ 在时间 τ_1 内的局部最大值效应 $\max\limits_{t\in[0,\tau_1]}S_2(t)$（持续时间为 τ_2），以及第三个可变荷载 $Q_3(t)$ 在时间 τ_2 内的局部最大值效应 $\max\limits_{t\in[0,\tau_2]}S_3(t)$ 相组合，依此类推。按该规则确定荷载效应组合的最大值时，可考虑所有可能的不利组合项，取其中最不利者。对于 n 个荷载组合，一般有 2^{n-1} 项可能的不利组合。

JCSS 组合规则和 Turkstra 组合规则虽然能较好地反映多个荷载效应组合的概率分布问题，但涉及复杂的概率运算，所以在实际工程设计中采用还比较困难。

（二）规范中的荷载效应组合

建筑《统一标准》和公路《统一标准》中规定，工程结构设计应根据使用过程中可能出现的荷载，按承载力极限状态和正常使用极限状态分别确定相应的结构作用效应的最不利组合。对持久状况及短暂状况，应分别对两类极限状态采用作用效应的最不利组合进行结构设计。

对承载力极限状态，应考虑作用效应的基本组合（永久作用与可变作用的组合），必要时应考虑作用效应的偶然组合（永久作用、可变作用和一个偶然作用的组合）。

对正常使用极限状态，应根据不同的设计目的，分别选用下列作用效应的标准组合（对可变荷载采用标准值及组合值为荷载代表值的组合）、频遇组合（对可变荷载采用频遇值及准永久值为荷载代表值的组合）和准永久组合（对可变荷载采用准永久值为荷载代表值的组合）。标准组合主要用于当一个极限状态被超越时将产生严重的永久性损坏的情况。频遇组合主要用于当一个极限状态被超越时将产生局部损坏、较大变形或短暂振动等情况。准永久组合主要用于当长期效应是决定性因素时的一些情况。

1. 荷载效应组合的原则

荷载效应组合的原则是：

（1）只有在结构上可能同时出现的作用，才进行其效应的组合；当结构或结构构件须做不同受力方向的验算时，则应以不同方向的最不利作用效应进行组合。

（2）当可变作用对结构或结构构件产生有利影响时，该作用不应参与组合；实际不可能同时出现的作用或不同时参与组合的作用，不考虑其作用效应的组合。

（3）施工阶段作用效应的组合，应按计算需要及结构所处条件而定，结构上的施工人员和施工机具设备均应作为临时荷载加以考虑；组合式桥梁，当把底梁作为施工支撑时，作用效应分两个阶段组合，底梁受荷为第一个阶段，组合梁受荷为第二个阶段。

（4）多个偶然作用不能同时组合。

2. 荷载效应组合式

对于基本组合，荷载效应组合的设计值 S 应考虑两种组合情况：可变荷载效应控制的组合及永久荷载效应控制的组合。S 应从这两种组合值中选取不利值确定。

由可变荷载效应控制的组合

$$S=\gamma_G\gamma_{Gk}+\gamma_{Q1}S_{Q1k}+\sum_{i-2}^{k}\psi_{ci}\gamma_{Qi}S_{Qik} \tag{1-19}$$

由永久荷载效应控制的组合

$$S=\gamma_G S_{Gk}+\sum_{i-2}^{k}\psi_{ci}\gamma_{Qi}S_{Qik} \tag{1-20}$$

式中：γ_G ——永久荷载的分项系数，应按下列规定采用：

永久荷载效应对结构不利时，对由可变荷载效应控制的组合，应取 1.2；对由永久荷载效应控制的组合，应取 1.35。

当永久荷载效应对结构有利时，一般情况下应取 1.0；对结构的倾覆、滑移或漂浮验算，应取 0.9。

γ_{Q1}、γ_Q ——第 1 个、第 i 个可变荷载的分项系数，一般情况下应取 1.4；对于标准值大于 4kN/m^2 的工业房屋楼面结构的活荷载应取 1.3；

SG_K——按永久荷载标准值 G_K 计算的荷载效应值，且 $SG_K=C_GG_k$，其中 C_G、G_k 分别为永久荷载的荷载效应系数和标准值；

S_{Q1k}、S_{Qik}——第 1 个可变荷载标准值 Q_{1k} 和第 i 个可变荷载标准值 Q_{ik} 计算的荷载效应值，并且 $S_{Q1k}=C_{Q1}Q_{1k}$，$S_{Qik}=C_{Qi}Q_{ik}$。其中 C_{Q1}、C_{Qi} 分别为第 1 个可变荷载和第 i 个可变荷载的荷载效应系数，Q_{1k}、Q_{ik} 分别为第 1 个可变荷载和第 i 个可变荷载的标准值。第 1 个可变荷载标准值产生的效应应大于其他任何第 i 个可变荷载标准值产生的效应；

ψ_{Ci}——可变荷载的组合值系数，根据可变荷载的种类按建筑《荷载规范》的规定采用。

在有些情况下，要正确地选出引起最大荷载效应 S_{Qik} 的那个活荷载 Q 并不容易，这时，可依次设各可变荷载为 S_{Q1k}，代入式 (2-17) 中，然后选其中最不利的荷载效应组合。

对式（2-18），当考虑竖向的永久荷载效应控制的组合时，参与组合的可变荷载可仅限于竖向荷载，而不考虑水平荷载。对于排架、框架结构，基本组合可以采用简化式计算，从组合值中取最不利值确定。

（三）荷载代表值

在进行工程结构设计时，首先需要确定工程结构上荷载等作用的大小。任何荷载在实际情况中都具有明显的随机性或变异性，在设计时为了便于取值，通常是考虑荷载的统计特征赋予一个规定的量值，这种在设计表达式中直接采用的荷载值称为荷载代表值。根据《建筑结构可靠性设计统一标准》（GB 50068-2018）等国家标准，工程结构设计时采用的荷载代表值分为四类：标准值、组合值、频遇值和准永久值，其中荷载标准值是荷载的基本代表值，是结构设计的主要参数，其他代表值都可在标准值基础上乘以相应系数得到。

1. 荷载标准值

荷载标准值是设计基准期内在工程结构上可能出现的最大荷载值。由于荷载本身的随机性，这一最大荷载值是随机变量，因此荷载标准值原则上应由设计基准期荷载最大值概率分布的某一分位数来确定。

2. 荷载组合值

当工程结构上作用有两种或两种以上的可变荷载时，它们同时达到最大值（即以标准值作用于结构）的概率极小，故当采用各种荷载标准值进行荷载组合时，应对某些可变荷载的标准值进行折减。荷载组合值就是在进行结构设计时，确定地考虑这种组合折减后的荷载代表值，它主要用于结构承载能力极限状态下的基本组合中，可由标准值乘以组合值系数得到。

3. 荷载频遇值

荷载频遇值是作用期限较短的可变荷载代表值，它是指在结构上较频繁出现且量值较大的可变荷载值。荷载频遇值主要用于结构正常使用极限状态下的频遇值组合中，可由标准值乘以频遇值系数得到。

4. 荷载准永久值

荷载准永久值是作用期限较长的可变荷载代表值，它是指在结构上作用持续时间较长，荷载大小变化不大，荷载位置比较固定的可变荷载值。它

对结构的影响犹如永久荷载。荷载准永久值主要用于结构正常使用极限状态下的准永久值组合中，可由标准值乘以准永久值系数得到。

由上可见，对于永久荷载，采用标准值作为其荷载代表值；对于可变荷载，则采用组合值、频遇值、准永久值作为其荷载代表值；而对于地震等偶然荷载，一般根据观察资料、试验数据等确定其荷载代表值。

(四) 建筑结构荷载设计要点

在我国的建筑业高速发展背景下，建筑工程的施工规模不断扩大，建筑结构高度、面积不断增大。现代建筑结构越来越复杂，建筑物的结构设计存在较大差异，这将会使建筑物各自的荷载值存在较大差异。大规模建筑物承受更大的荷载作用力，对建筑结构的稳固、承载性能提出更高的要求。在建筑工程结构设计中，为了获取最理想的建筑结构，保障建筑结构的稳定性和安全性，需要对建筑结构的荷载设计提高重视。

1. 荷载取值计算

建筑结构荷载设计要结合工程实际情况，准确计算各项结构荷载值，保证建筑结构荷载设计方案合理可行，不会对建筑结构功能的正常使用造成影响。荷载值计算环节，设计人员既需要综合分析各项施工因素与已知工程信息，还要掌握以下取值计算要点，针对性地构建荷载分析处理模式，具体如下。

(1) 活荷载取值。活荷载主要指随着时间推移、量值不断变化的荷载值，不同时间节点下的建筑结构活荷载量值存在不确定性、不可预知性。但是，设计人员可以通过综合分析建筑使用功能、实际用途等因素，评估活荷载量值的大体变化范围，为后续建筑结构荷载设计方案的制订提供数据参考。为实现这一目的，设计人员可选择构建随机过程荷载分析处理模型，全面掌握建筑结构功能、室内设备与装潢陈设情况，评估恒荷载、活荷载的组合情况，从而确定活荷载量值变化范围，完成活荷载取值工作。

(2) 恒荷载取值。建筑结构所承受恒荷载主要为建筑结构、构件自重量。因此，设计人员需要持续采集相关工程信息、深入分析结构设计方案，准确计算各处结构部位与构件的自重量，在其基础上即可获取恒荷载取值。同时，可选择将恒荷载拆分为线荷载与面荷载，以此降低荷载取值难度。以楼

板荷载为例，恒荷载的具体计算方式为将楼板构件的厚度与单位体积板重量值相乘，即可获取楼板构件的自重量。同时，将面板厚度与单位体积重量相乘，其结果为面层材料自重量。而在计算梁体、墙体等特殊构件时，由于这类构件发挥着建筑承重作用，需要考虑到构件所承受压力，将计算方式设定为将构件短边长度与板单位面积自重相乘。

(3) 极限状态荷载取值。在建筑结构使用过程中，有一定概率会承受偶然荷载，并对建筑结构造成影响。因此，设计人员需要根据已知工程信息，准确评估各类偶然荷载的出现率，以及对建筑结构造成的具体影响。随后，在评估结果基础上对荷载设计方案进行调整补充，如确定折减标准值。此外，还需要开展极限状态下的建筑结构荷载设计工作。例如，重点对构件抗裂度、结构变形量进行验算，考虑到建筑结构在无承载力情况下所承受的损失程度，仅采取荷载标准值，无须考虑分项系数与结构重要性。在建筑结构或构件出现裂缝、变形等质量通病时，设计人员需要对裂缝宽度与变形量进行验算，在验算结果基础上合理设置建筑结构永久荷载组合。

2. 掌握荷载效应特性

在建筑结构施工、使用期间，受到荷载力影响，局部构件有一定可能会产生内力，引发结构位移等问题的出现，这被称为荷载效应。因此，设计人员需要掌握荷载效应特性与线性关系。例如，导入截面弯矩公式，以此掌握支梁构件的所承受荷载特性。目前来看，恒荷载密度主要保持着正态分布情况，其他荷载则保持极值分布情况。

3. 消防车道荷载设计

在这一设计环节，需要重点开展消防车道板面活荷载计算工作。需要根据楼板类型准确计算折减前后基准活荷载、楼板实取活荷载、单双向板的主梁与柱体实取活荷载等数值，根据车道的板跨所占比例加以折算。例如，在覆土厚度为1.2m、单向板跨为2m时，可将楼板实取活荷载值设定为28、将单向板主梁活荷载取值设定为17。此外，还需要根据工程实际情况而针对性地构建消防车道活荷载模型。

第四节　结构上的荷载最不利分布

恒荷载在结构上的位置是确定的，而活荷载则不同，在不同的位置上对结构的影响不同。在移动的荷载作用下，特定的结构截面所产生的内力是不一样的。因此，结构工程师就要考虑这种由于荷载的移动而产生的截面不利状况。由于实际工程结构是千差万别的，而荷载作用也是千差万别的，难以采用具体的数学表达式将其表示清楚，因此，本章以连续梁为例，说明均布活荷载的作用下该结构截面内力的具体变化。

连续梁是结构设计时经常采用的结构形式，不仅在建筑工程中使用，也常见于桥梁等大型结构。连续梁以其传力明确、设计简便、功能明确等特点，深受结构工程师的喜爱。除了梁的自重荷载所形成的恒荷载外，均布的活荷载在不同的跨间自由分布。由于恒荷载作用确定，因此在不利组合中暂时忽略恒荷载的存在。对连续梁结构的最不利荷载分布规律：

（1）当求某一跨跨中的最大正弯矩时，应考虑在该跨布置活荷载，同时在该跨两侧的相邻跨隔跨布置。如求第3跨跨中最大正弯矩，在第3跨布置活荷载，然后考虑在第1、5、7、9跨布置活荷载。

（2）当求某一跨跨中的最大负弯矩时，应考虑在该跨不布置活荷载，而两侧相邻跨布置，并继续在相邻跨的隔跨布置：如求第3跨跨中最大负弯矩，则在第3跨不布置活荷载，然后要考虑在第2、4、6、8跨布置活荷载。

（3）当求某一支座的最大负弯矩时，应考虑在该支座相邻两跨布置活荷载，并继续在相邻跨的隔跨布置：如求第3、4支座处的最大负弯矩，则在第3跨、第4跨布置活荷载，然后要考虑在第1、6、8跨布置活荷载。

（4）当求某一支座的最大负弯矩时，应考虑在该支座相邻两跨布置活荷载，并继续在相邻跨的隔跨布置：如求第3、4支座处的最大负弯矩，则在第3跨、第4跨布置活荷载，然后要考虑在第1、6、8跨布置活荷载。

（5）当求某一支座的最大剪力时，与求该支座最大负弯矩时所分布荷载状况相同。对于其他结构，如刚架、排架、桁架、拱等常见结构也是如此，均要找出其最不利荷载分布与组合的规律，再进行各种分布与组合。

在实际结构的受力过程中，各种受力形式均有可能出现，而且还可能同时出现，因此结构的强度与刚度必须在各种条件下均要得到满足。这就要求设计者将各种受力分布条件下的内力图相互重叠——将各种荷载布置下的内力图绘制在同一连续梁上，从而得到各种荷载作用的内力图的外包络线——内力包络图。

包络图并非是一种实际的内力图，而是各种可能的内力图的叠加，因而可以出现同一截面不同的受力状况——既有正弯矩，又有负弯矩。在包络图中可以确定某一截面所可能承担的最大正负内力值，进而可以求出该截面的最大应力，再根据该应力值进行截面的强度设计。

另外对于连续梁，考虑荷载的影响区域，一般取相邻5跨之内的荷载分布为有效荷载，在5跨之外的荷载分布为无效荷载——5跨之外所分布的荷载对于本跨的影响，可以在工程计算中忽略。

第五节 建筑结构设计过程

结构设计是建筑物设计的重要组成部分，是建筑物发挥使用功能的基础。结构设计的主要任务就是根据建筑、给排水、电气和采暖通风的要求，主要是建筑上的要求，合理地选择建筑物的结构类型和结构构件，采用合理的简化力学模型进行结构计算，然后依据计算结果和国家现行结构设计规范完成结构构件的设计计算，设计者应对计算结果做出正确的判断和评估，最后依据计算结果绘制结构施工图。结构设计施工图纸是结构设计的主要成果表现。因此，结构设计可以分为方案设计、结构分析、构件设计和施工图绘制四个步骤。

一、方案设计

方案设计又叫初步设计。结构方案设计主要是指结构选型、结构布置和主要构件的截面尺寸估算以及结构的初步分析等内容。

（一）结构类型的选择

结构选型包括上部结构的选型和基础结构的选型，主要依据建筑物的

功能要求、现行结构设计规范的有关要求、场地上的工程地质条件、施工技术、建设工期和环境要求，经过方案比较、技术经济分析，加以确定。其方案的选择应当体现科学性、先进性、经济性和可实施性。科学性就是要求结构传力途径明确、受力合理；先进性就是尽量要采新技术、新材料、新结构和新工艺；经济性就是要降低材料的消耗、减少劳动力的使用量和建筑物的维护费用等；可实施性就是施工方便，按照现有的施工技术可以建造。

结构类型的选择，应经过方案比较后综合确定，主要取决于拟建建筑物的高度、用途、施工条件和经济指标等。一般是遵循砌体结构、框架结构、框架 - 剪力墙结构、剪力墙结构和筒体结构的顺序来选择，如果该序列靠前的结构类型，不能满足建筑功能、结构承载力及变形能力的要求，才采用后面的结构类型。比如，对于多层住宅结构，一般情况下，砌体结构就可以满足要求，尽量不采用框架结构或其他的结构形式。当然，从保护土地资源的角度出发，还要尽可能不用黏土砖砌体。

（二）结构布置

结构布置包括定位轴线的标定、构件的布置以及变形缝的设置。

定位轴线用来确定所有结构构件的水平位置，一般只设横向定位轴线和纵向定位轴线，当建筑平面形状复杂时，还要设斜向定位轴线。横向定位轴线习惯上从左到右用①②③…表示；纵向定位轴线从下至上用Ⓐ Ⓑ Ⓒ…表示。定位轴线与竖向承重构件的关系一般有三种：砌体结构定位轴线与承重墙体的距离是半砖或半砖的倍数；单层工业厂房排架结构纵向定位轴线与边柱重合或之间加一个连系尺寸；其余结构的定位与竖向构件在高度方向较小截面尺寸的截面形心重合。

构件的布置就是确定构件的平面位置和竖向位置，平面位置通过与定位轴线的关系来确定，而竖向位置通过标高确定。一般在建筑物的底层地面、各层楼面、屋面以及基础底面等位置都应给出标高值，标高值的单位采用 m（注：结构施工图中，除标高外其余尺寸的单位采用 mm）。建筑物的标高有建筑标高和结构标高两种。所谓建筑标高就是建筑物建造完成后的标高，是结构标高加上建筑层（如找平层、装饰层等）厚度的标高。结构标高是结构构件顶面的标高，是建筑标高扣除建筑层厚度的标高。一般情况下，

建筑施工图中的标高是建筑标高，而结构施工图中的标高是结构标高。当然，结构施工图中也可以采用建筑标高，但应做特别说明，以便施工时由施工单位自行换算为结构标高。建筑标高以底层地面为 ±0.000，往上用正值表示，往下用负值表示。

结构中变形缝有伸缩缝、沉降缝和防震缝三种。设置伸缩缝的目的是减小房屋因过长或过宽而在结构中产生的温度应力，避免引起结构构件和非结构构件的损坏。设置沉降缝是为了避免因建筑物不同部位的结构类型、层数、荷载或地质情况不同导致结构或非结构构件的损坏。设置防震缝是为了避免建筑物不同部位因质量或刚度的不同，在地震发生时具有不同的振动频率而相互碰撞导致损坏。伸缩缝、沉降缝和防震缝的设置原则和要求详见下一节。

沉降缝必须从基础分开，而伸缩缝和防震缝的基础可以连在一起。在抗震设防区，伸缩缝和沉降缝的宽度均应满足防震缝的宽度要求。由于变形缝的设置会给使用和建筑平、立面处理带来一定的麻烦，所以应尽量通过平面布置、结构构造和施工措施（如采用后浇带等）不设缝或少设缝。

（三）截面尺寸估算

结构分析计算要用到构件的几何尺寸，结构布置完成后需要估算构件的截面尺寸。构件截面尺寸一般先根据变形条件和稳定条件，由经验公式确定，截面设计发现不满足要求时再进行调整。水平构件根据挠度的限值和整体稳定条件可以得到截面高度与跨度的近似关系。竖向构件的截面尺寸根据结构的水平侧移限制条件估算，在抗震设防区的混凝土构件还应满足轴压比限值的要求。

（四）结构的初步分析

建筑物的方案设计是建筑、结构、水、电、暖各专业设计互动的过程，各专业之间相互合作、相互影响，直至最后达成一致并形成初步设计文件，才能进入施工图设计阶段。在方案设计阶段，建筑师往往需要结构师预估楼板的厚度、梁柱的截面尺寸，以便确定层高、门窗洞口的尺寸等；同时，结构工程师也需要初步评估所选择的结构体系在预期的各种作用下的响应，以

评价所选择的结构体系是否合理。这都要求对结构进行初步的分析。由于在方案阶段建筑物还有许多细节没有确定，所以结构的初步分析必须抓住结构的主要方面，忽略一些细节，计算模型可以相对粗糙一些，但得出的结果应具有参考意义。

二、结构分析

结构分析是要计算结构在各种作用下的效应，它是结构设计的重要内容。结构分析的正确与否直接关系到所设计结构的安全性、适用性和耐久性是否满足要求。结构分析的核心问题是计算模型的确定，可以分为计算简图、计算理论和数学方法三个方面。

(一) 计算简图

计算简图是对实际结构的简化假定，也是结构分析中最为困难的一个方面，简化的基本原则就是分析的结果必须能够解释和评估真实结构在预设作用下的效应，尽可能反映结构的实际受力特性，偏于安全且简单。要使计算简图完全精确地描述真实结构是不现实的，也是不必要的，因为任何分析都只能是实际结构一定程度上的近似。因此，在确定计算简图时应遵循一些基本假定：

（1）假定结构材料是均质连续的。虽然一切材料都是非均质连续的，但组成材料颗粒的间隙比结构的尺寸小很多，这种假设对结构的宏观力学性能不会引起显著的误差。

（2）只有主要结构构件参与整体性能的效应，即忽略次要构件和非结构构件对结构性能的影响。例如，在建立框架结构分析模型时，可将填充墙作为荷载施加在结构上，忽略其刚度对结构的贡献，从而导致结构的侧向刚度偏小。

（3）可忽略的刚度，即忽略结构中作用较小的刚度。例如，楼板的横向抗弯刚度、剪力墙平面外刚度等。该假定的采用需要根据构件在结构整体性能中应发挥的作用来进行确定。例如，一个由梁柱组成的框架结构，在进行结构整体分析时，可以忽略楼板的抗弯刚度、梁的抗扭刚度等。但在进行楼板、梁等构件的分析时，就不能忽略上述刚度。

（4）相对较小的和影响较小的变形可以忽略。包括楼板的平面内弯曲和剪切变形、多层结构柱的轴向变形等。

（二）计算理论

结构分析所采用的计算理论可以是线性理论、塑性理论和非线性理论。

线性理论最为成熟，是目前普遍采用的一种计算理论，适用于常用结构的承载力极限状态和正常使用极限状态的结构分析。根据线弹性理论计算时，作用效应与作用成正比，结构分析也相对容易得多。

塑性理论可以考虑材料的塑性性能，比较符合结构在极限状态下的受力状态。塑性理论的实用分析方法主要有塑性内力重分布和塑性极限法。

非线性包括材料非线性和几何非线性。材料非线性是指材料、截面或构件的本构关系，如应力 - 应变关系、弯矩 - 曲率关系或荷载 - 位移关系等是非线性的。几何非线性是指由于结构变形对其内力的二阶效应使荷载效应与荷载之间呈现出非线性关系。结构的非线性分析比结构的线性分析复杂得多，需要采用迭代法或增量法计算，叠加原理也不再适用。在一般的结构设计中，线性分析已经足够。但是，对于大跨度结构、超高层结构，由于结构变形的二阶效应比较大，非线性分析是必需的。

（三）数学方法

结构分析中所采用的数学方法不外乎解析法和数值法两种。解析法又称为理论解，但由于结构的复杂性，大多数结构都难以抽象成一个可以用连续函数表达的数学模型，其边界条件也难以用连续函数表达，因此，解析法只适用于比较简单的结构模型。

数值方法可用于大型、复杂工程问题求解，计算机程序采用的就是数值解。常用的数值方法有有限单元法、有限差分法、有限条法等。其中，应用最广泛的是有限单元法。这种方法将结构离散为一个有限单元的组合体，这样的组合体能够解析地模拟或逼近真实结构的解域。由于单元能够按不同的连接方式组合在一起，并且单元本身又可以有不同的几何形状，因此可以模拟几何形状复杂的结构解域。目前，国内外最常用的有限单元结构分析软件有 PKPM、SAP2000、ETABS、MIDAS、ANSYS 以及 ADINA 等。

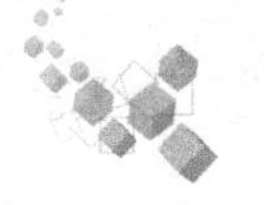

尽管目前工程设计的结构分析基本上都是通过计算机程序完成的，一些程序甚至还可以自动生成施工图，但应用解析方法或者说是手算方法来进行结构计算，对于土木工程专业的学生来说仍十分重要。但基于手算的解析解是结构设计的重要基础，解析解的概念清晰，有助于人们对结构受力特点的把握，掌握基本概念。作为一个优秀的结构工程师，不仅要求掌握精确的结构分析方法，还要求能对结构问题做出快速的判断，这在方案设计阶段和处理各种工程事故、分析事故原因时显得尤为重要。而近似分析方法可以训练人的概念设计能力。

三、构件设计

构件设计包括截面设计和节点设计两个部分。对于混凝土结构，截面设计有时也称为配筋计算，因为截面尺寸在方案设计阶段已初步确定，构件设计阶段所做的工作是确定钢筋的类型、放置位置和数量。节点设计也称为连接设计。

构件设计有两项工作内容：计算和构造。在结构设计中，一部分内容是由计算确定的，而另一部分内容则是根据构造规定确定的。构造是计算的重要补充，两者同等重要，在各种设计规范中对构造都有明确的规定。千万不能重计算、轻构造。

四、施工图绘制

结构设计的最后一个步骤是施工图绘制工作，结构设计人员提交的最终成果就是结构设计图纸。图是工程师的语言，工程师的设计意图是通过图纸来表达的。如同人的语言表达，图面的表达应该做到正确、规范、简洁和美观。

第二章 建筑工程结构体系、布置及荷载

第一节 高层建筑的结构体系与选型

一、高层建筑结构选型

目前最为常见的高层建筑结构体系包括：框架，框架-剪力墙、剪力墙，框筒、筒体、筒中筒、束筒、带钢臂筒框和巨型支撑等结构体系。几种结构体系许可的建筑高度见表2-1所示。各种建筑类型相适用的建筑结构体系见表2-2所示。

表2–1 几种结构体系许可的建筑高度

<table>
<tr><th rowspan="3">结构体系</th><th colspan="4">房屋许可高度/m</th></tr>
<tr><th rowspan="2">一般地区</th><th colspan="3">地震区</th></tr>
<tr><th>七度设计烈度</th><th>八度设计烈度</th><th>九度设计烈度</th></tr>
<tr><td>框架</td><td>60</td><td>50</td><td>40</td><td></td></tr>
<tr><td>框架-剪力墙</td><td>120</td><td>120</td><td>900</td><td>50</td></tr>
<tr><td>剪力墙</td><td>150</td><td>140</td><td>110</td><td>80</td></tr>
<tr><td>筒体</td><td>180</td><td>120(160)</td><td>90(130)</td><td>50(80)</td></tr>
</table>

表2–2 各种建筑类型相适用的建筑结构体系

房屋类型	适用的结构体系
住宅楼	框架、剪力墙、框架-剪力墙
集体宿舍、旅馆	剪力墙、框架-剪力墙
办公楼、教学楼、科研楼、医院病房高级宾馆	框架、框架-剪力墙、筒体
综合楼	框支剪力墙、框架、框架-剪力墙

(一) 框架结构体系

框架结构由梁、柱组成抗侧力体系。其优点是建筑平面布置灵活，可以做成有较大空间的会议室、营业场所，也可以通过隔墙等分割成较小的空间，满足各种建筑功能的需要，常用于办公楼、商场、教学楼、住宅等多高层建筑。

框架结构只能在自身平面内抵抗侧向力，故必须在两个正交主轴方向设置框架，以抵抗各个方向的水平力。抗震框架结构的梁柱必须采用刚接，以便梁端能传递弯矩，同时使结构有良好的整体性和较大的刚度。框架抗侧刚度主要取决于梁、柱的截面尺寸。由于梁、柱都是线性构件，截面惯性矩小，因此框架结构的侧向刚度较小，侧向变形较大，在7度抗震设防区，一般应用于高度不超过50m的建筑结构。

框架结构在水平力作用下的侧移由两部分组成：梁、柱由弯曲变形引起的侧移，侧移曲线呈剪切型，自下而上层间位移减小；柱由轴向变形产生的侧移，侧移曲线呈弯曲型，自下而上层间位移增大。框架结构的侧向变形以由梁柱弯曲变形引起的剪切型曲线为主。

(二) 剪力墙结构体系

用钢筋混凝土剪力墙（也称抗震墙）作为承受竖向荷载和抵抗侧向力的结构称为剪力墙结构，也称抗震墙结构。由于剪力墙是承受竖向荷载、水平地震作用和风荷载的主要受力构件，因此应沿结构的主要轴线布置。此外，考虑抗震设计的剪力墙结构，应避免仅单向布置。当平面为矩形、T形或L形时，剪力墙应沿纵、横两个方向布置；当平面为三角形、Y形时，剪力墙可沿三个方向布置；当平面为多边形、圆形和弧形平面时，剪力墙可沿环向和径向布置。剪力墙应尽量布置得规则、拉通、对直。在竖向方向，剪力墙宜上下连续，可采取沿高度逐渐改变墙厚和混凝土等级或减少部分墙肢等措施，以避免刚度突变。

剪力墙的抗侧刚度和承载力均较大，为充分利用剪力墙的性能，减小结构自重，增大剪力墙结构的可利用空间，剪力墙不宜布置得太密，结构的侧向刚度不宜过大。一般小开间剪力墙结构的横墙间距为2.7～4m；大开间

剪力墙结构的横墙间距可达 6 ~ 8m。由于受楼板跨度的限制，剪力墙结构平面布置不太灵活，不能满足公共建筑大空间的要求，一般适用于住宅、旅馆等建筑。

采用现浇钢筋混凝土浇筑的剪力墙是平面构件，在其自身平面内有较大的承载力和刚度，平面外的承载力和刚度小。因此，剪力墙在结构平面上要双向布置，分别抵抗各自平面内的侧向力。抗震设计时，应力使两个方向的刚度接近。

当剪力墙的高宽比较大时，为受弯为主的悬臂墙，侧向变形呈弯曲形。经过合理设计，剪力墙结构可以成为抗震性能良好的延性结构。国内外历次大地震的震害情况均显示剪力墙结构的震害一般较轻，因此它在地震区和非地震区都有广泛的应用。

为了改善剪力墙结构平面开间较小，建筑布局不够灵活的缺点，可采用底部大空间剪力墙结构（如框支剪力墙结构）、跳层剪力墙结构。

（三）框架 – 剪力墙结构体系

在框架结构中设置部分剪力墙，使框架和剪力墙两者结合起来共同工作，组成框架 - 剪力墙结构；如果把剪力墙布置成筒体，又可组成框架 - 筒体结构。

框架 - 剪力墙结构是一种双重抗侧力体系。剪力墙由于刚度大，可承担大部分的水平力（有时可达 80% ~ 90%），为抗侧力的主体，整个结构的侧向刚度较框架结构大大提高；框架则主要承担竖向荷载，提供较大的使用空间，仅承担小部分的水平力。在罕遇地震作用下，剪力墙的连梁（第一道抗侧力体系）往往先屈服，使剪力墙的刚度降低，由剪力墙承担的部分层剪力转移到框架（第二道抗侧力体系）上。经过两道抗震防线耗散地震作用，可以避免结构在罕遇地震作用下的严重破坏甚至倒塌。

在水平荷载作用下，框架呈剪切型变形，剪力墙呈弯曲型变形。当二者通过刚度较大的楼板协同工作时，变形必将协调，出现弯剪型的侧向变形。其上下各层层间变形趋于均匀，顶点侧移减小，且框架各层层剪力趋于均匀，框架结构及剪力墙结构的抗震性能得到改善，也有利于减小小震作用下非结构构件的破坏。

框架 - 剪力墙结构既有框架结构布置灵活、延性好的特点，又有剪力墙结构刚度大、承载力大的优点，是一种较好的抗侧力体系，被广泛应用于高层建筑中。

(四) 筒体结构

筒体结构采用实腹的钢筋混凝土剪力墙或者钢筋混凝土密柱深梁形成空间受力体系，在水平力作用下可看成固定于基础上的箱形悬臂构件，比单片平面结构具有更大的抗侧刚度和承载力，并具有很好的抗扭刚度，可满足建造更高层建筑结构的需要。

筒体的基本形式有三种：实腹筒、框筒及桁架筒。由这三种基本形式又可形成束筒、筒中筒等多种形式。

实腹筒采用现浇钢筋混凝土剪力墙围合成筒体形状，常与其他结构形式联合应用，形成框架 - 筒体结构、筒中筒结构等。

框筒结构是由密柱深梁框架围成的，整体上具有箱形截面的悬臂结构。在形式上框筒由四榀框架围成，但其受力特点不同于框架。框架是平面结构，而框筒是空间结构，即沿四周布置的框架都参与抵抗水平力，层剪力由平行于水平力作用方向的腹板框架抵抗，倾覆力矩由腹板框架和垂直于水平力作用方向的翼缘框架共同抵抗，使建筑材料得到充分利用。

用稀柱、浅梁和支撑斜杆组成桁架，布置在建筑物的周边，就形成了桁架筒。与框筒相比，桁架筒更能节省材料。桁架筒一般都由钢材做成，支撑斜杆跨沿水平方向跨越建筑一个面的边长，沿竖向跨越数个楼层，形成巨型桁架，四片桁架围成桁架筒，两个相邻立面的支撑斜杆相交在角柱上，保证了从一个立面到另一个立面支撑的传力路线连续，形成整体悬臂结构，水平力通过支撑斜杆的轴力传至柱和基础。近年来，由于桁架筒受力的优越性，国内外已陆续建造了钢筋混凝土桁架筒体及组合桁架筒体。

(五) 巨型结构

巨型结构也称为主次框架结构，主框架为巨型框架，次框架为普通框架。

巨型结构常用的结构形式有两种：一种是仅由主次框架组成的巨型框

架结构；另一种是由周边主次框架和核心筒组成的巨型框架 - 核心筒结构。

巨型框架柱的截面尺寸大，多采用由墙体围成的井筒，也可采用矩形或工字形的实腹截面柱，巨柱之间用跨度和截面尺寸都很大的梁或桁架做成巨梁连接，形成巨型框架。巨型大梁之间，一般为 4 ~ 10 层，设置次框架，次框架仅承受竖向荷载，梁柱截面尺寸较小，次框架的支座是巨型大梁，竖向荷载由巨型框架传至基础，水平荷载由巨型框架承担或巨型框架和核心筒共同承担。

巨型结构的优点是，在主体巨型结构的平面布置和沿高度布置均为规则的前提下，建筑布置和建筑空间在不同楼层可以有所变化，形成不同的建筑平面和空间。

二、高层建筑防火设计

高层建筑最突出的是防火安全设计，如果火灾发生，如何快速地将高层建筑内的人群疏散出去是设计中应重点考虑的部分。各个专业设计人员必须严格遵照相关防火规范的要求进行设计。

一类高层建筑的耐火等级应为一级，二类高层建筑的耐火等级不应低于二级。裙房的耐火等级不应低于二级，高层建筑地下室的耐火等级应为一级。

(一) 总图和平面布置

消防控制室宜设在高层建筑的首层或地下一层且应采用耐火极限不低于 2.00h 的隔墙和 1.50h 的楼板与其他部位隔开，并应设直通室外的安全出口。在火灾发生时，消防控制室是消防人员的指挥中心，为了消防人员的安全撤离，故要求消防控制室应直通室外。

高层建筑的底边至少有一个长边或周边长度的 1/4 且不小于一个长边长度，不应布置高度大于 5m，进深大于 4m 的裙房，且在此范围内必须设有直通室外的楼梯或直通楼梯间的出口。高层建筑的这个长边是作为发生火灾时的消防扑救面，如果裙房伸出太宽，不便于搭消防云梯。这个长边上要求有直通室外的楼梯或出口以便消防人员的迅速疏散撤离。

高层建筑内的歌舞厅、夜总会、录像厅，放映厅，桑拿浴室（除洗浴部

分外)、游艺厅(含电子游艺厅)、网吧等歌舞娱乐放映游艺场所(以下简称歌舞娱乐放映游艺场所),应设在首层或二、三层;宜靠外墙设置,不应布置在带形走道的两侧和尽端,当必须设置在其他楼层时,不应设置在地下二层及二层以下,设置在地下一层时,地下一层地面与室外出入口地坪的高差不应大于10m;一个厅、室的建筑面积不应超过200m²;一个厅、室的出口不应少于两个,当一个厅、室的建筑面积小于50m²,可设置一个出口;应设置火灾自动报警系统和自动喷水灭火系统,应设置防烟、排烟设施。上述场所人员密集复杂,灯光昏暗,一旦发生火灾不便于疏散。

托儿所、幼儿园、游乐厅等儿童活动场所不应设置在高层建筑内,当必须设在高层建筑内时,应设置在建筑物的首层或二、三层,并应设置单独出入口,主要是考虑到小朋友在发生火灾时疏散速度较慢。高层建筑之间及高层建筑与其他民用建筑之间的防火间距见表2-3所示。

表2-3 高层建筑之间及高层建筑与其他民用建筑之间的防火间距

单位:m

建筑类别	高层建筑	裙房	其他民用建筑		
			耐火等级		
			一、二级	三级	四级
高层建筑	13	9	9	11	14
裙房	9	6	6	7	9

高层建筑的周围,应设环形消防车道。当设环形车道有困难时,可沿高层建筑的两个长边设置消防车道,当建筑的沿街长度超过150m或总长度超过220m时,应在适中位置设置穿过建筑的消防车道,发生火灾时消防车可以快速到达火灾现场。有封闭内院或天井的高层建筑沿街时,应设置连通街道和内院的人行通道(可利用楼梯间),其距离不宜超过80m,保证火灾时人员的快速疏散,为了防止室外疏散场地不足,故将内院与街道连通。

高层建筑的内院或天井,当其短边长度超过24m时,宜设有进入内院或天井的消防车道。因为消防车的回车直径为18m,若内院短边小于24m,消防车在内院无法倒车。考虑到目前应用中的消防车的尺寸,消防车道的宽度不应小于4m。消防车道距高层建筑外墙宜大于5m,消防车道上空4m以下范围内不应有障碍物。消防车道与高层建筑外墙的距离大于5m,便于搭

消防云梯。穿过高层建筑的消防车道，其净宽和净空高度均不应小于4m。

尽头式消防车道应设有回车道或回车场，回车场不宜小于15m×15m。大型消防车的回车场不宜小于18m×18m。消防车道下的管道和暗沟等，应能承受消防车辆的压力。

(二)防火、防烟分区

高层建筑内应采用防火墙等划分防火分区，每个防火分区允许最大建筑面积，一类建筑为1000m^2，二类建筑为1500m^2，地下室为500m^2。当建筑设有走廊、中厅、自动扶梯等上下层连通的情况时，应注意上下层之间防火分区的划分。

高层建筑内的商业营业厅、展览厅等，当设有火灾自动报警系统和自动灭火系统，且采用不燃烧或难燃烧材料装修时，地上部分防火分区的允许最大建筑面积为4000n; 地下部分防火分区的允许最大建筑面积为2000m^2。

当高层建筑与其裙房之间设有防火墙等防火分隔设施时，裙房的扑救相对较容易，因此裙房的防火分区允许最大建筑面积不应大于2500m^2，当设有自动喷水灭火系统时，防火分区允许最大建筑面积可增加1.00倍。

由于门窗的耐火等级相对较低，在发生火灾时，火势经常通过门窗洞口进行扩散，因此防火墙上不应开设门，窗，洞口，当必须开设时，应设置能自行关闭的甲级防火门、窗。

输送可燃气体和甲、乙、丙类液体的管道，严禁穿过防火墙。其他管道不宜穿过防火墙，当必须穿过时，应采用不燃烧材料将其周围的空隙填塞密实。穿过防火墙处的管道保温材料，应采用不燃烧材料。管道穿过隔墙，楼板时，应采用不燃烧材料将其周围的缝隙填塞密实。

高层建筑内的隔墙应砌至梁板底部，且不宜留有缝隙。

防火门、防火窗应划分为甲、乙、丙三级，其耐火极限：甲级应为1.20h; 乙级应为0.90h; 丙级应为0.60h。

防火门应为向疏散方向开启的平开门，并在关闭后应能从任何一侧手动开启。用于疏散的走道、楼梯间和前室的防火门，应具有自行关闭的功能。双扇和多扇防火门，还应具有按顺序关闭的功能。常开的防火门，当发生火灾时，应具有自行关闭和信号反馈的功能。

设在变形缝处附近的防火门，应设在楼层数较多的一侧，且门开启后不应跨越变形缝。

（三）安全疏散与消防电梯

一般情况下高层建筑每个防火分区的安全出口不应少于两个。

除地下室外，相邻两个防火分区之间的防火墙上有防火门连通时，相邻两个防火分区的建筑面积之和，一类建筑不超过1400m²，二类建筑不超过2100m²。

塔式高层建筑，两座疏散楼梯宜独立设置，当确有困难时，可设置剪刀楼梯，剪刀楼梯间应为防烟楼梯间，剪刀楼梯的梯段之间，应设置耐火极限不低于1.00h的不燃烧体墙分隔，剪刀楼梯应分别设置前室。塔式住宅确有困难时可设置一个前室，但两座楼梯应分别设加压送风系统。

商住楼中住宅的疏散楼梯应独立设置。

高层建筑的安全出口应分散布置，两个安全出口之间的距离不应小于5m。安全疏散距离应满足表2-4所示的规定要求。

表2-4　高层建筑安全疏散距离表

高层建筑		房间门或住宅户门至最近的外部出口或楼梯间的最大距离 /m	
		位于两个安全出口之间的房间	位于袋形走道两侧或尽端的房间
医院	病房部分	24	12
	其他部分	30	15
旅馆、展览楼、教学楼		30	15
其他		40	20

据表2-4，医院建筑病房部分的疏散距离最小，主要是考虑到病人行动不便。旅馆内的客人大多对旅馆建筑的布局较陌生，展览建筑和教学楼由于人员较密集，短时间疏散压力较大，因此疏散距离仅为30m，普通建筑的疏散距离为40m；带形走道的疏散距离为位于两个安全出口之间的房间的疏散距离的一半，是考虑到在发生火灾时大量烟雾使人们看不清楚疏散方向而跑向反方向，因此疏散距离折半计算。

高层建筑内的观众厅，展览厅、多功能厅、餐厅、营业厅和阅览室等，其室内任何一点至最近的疏散出口的直线距离，不宜超过30m；其他房间内

最远一点至房门的直线距离不宜超过15m。

公共建筑中位于两个安全出口之间的房间，当其建筑面积不超过60m²时，可设置一个门，门的净宽不应小于0.90m。公共建筑中位于走道尽端的房间，当其建筑面积不超过75m时，可设置一个门，门的净宽不应小于1.40m。

高层建筑内走道的净宽，应按通过人数每100人不小于1m计算；高层建筑首层疏散外门的总宽度，应按人数最多的一层每100人不小于1m计算。疏散楼梯间及其前室的门的净宽应按通过人数每100人不小于1m计算，但最小净宽不应小于0.90m。

高层建筑地下室、半地下室每个防火分区的安全出口不应少于两个。当有两个或两个以上防火分区，且相邻防火分区之间的防火墙上设有防火门时，每个防火分区可分别设一个直通室外的安全出口。

除设有排烟设施和应急照明者外，高层建筑内的走道长度超过20m时，应设置直接天然采光和自然通风的设施。

高层建筑的公共疏散门均应向疏散方向开启，且不应采用侧拉门、吊门和转门，因为发生火灾中人们疏散时，遇到门时主要是推门，假设是拉门，当密集混乱人群疏散时可能会把门堵死而打不开。人员密集场所防止外部人员随意进入的疏散用门，应设置火灾时不须使用钥匙等任何器具即能迅速开启的装置，并应在明显位置设置使用提示。

一类建筑和除单元式和通廊式住宅外的建筑高度超过32m的二类建筑以及塔式住宅，均应设防烟楼梯间。防烟楼梯间入口处应设前室、阳台或凹廊，前室的面积，公共建筑不应小于6m²，居住建筑不应小于4.50m²，裙房和除单元式和通廊式住宅外的建筑高度不超过32m的二类建筑应设封闭楼梯间，楼梯间应靠外墙，并应直接天然采光和自然通风，当不能直接天然采光和自然通风时，应按防烟楼梯间规定设置。

单元式住宅每个单元的疏散楼梯均应通至屋顶，十一层及十一层以下的单元式住宅可不设封闭楼梯间，但开向楼梯间的户门应为乙级防火门，且楼梯间应靠外墙，并应直接自然采光和自然通风，十二层及十八层的单元式住宅应设封闭楼梯间，十九层及十九层以上的单元式住宅应设防烟楼梯间，十一层及十一层以下的通廊式住宅应设封闭楼梯间；超过十一层的通廊式住

宅应设防烟楼梯间，楼梯间及防烟楼梯间前室的内墙上，除开设通向公共走道的疏散门及户外门，不应开设其他门、窗、洞口。

除通向避难层错位的楼梯外，疏散楼梯间在各层的位置不应改变，首层应有直通室外的出口，防止对该高层建筑不熟悉情况的人员在疏散时浓烟中逃生到中间楼层，找不到安全出口。螺旋楼梯和扇形踏步不便于安全疏散，疏散楼梯和走道上的阶梯不应采用螺旋楼梯和扇形踏步，但踏步上下两级所形成的平面角不超过10°，且每级离扶手0.25m处的踏步宽度超过0.22m时，可不受此限。

通向屋顶的疏散楼梯不宜少于两座，且不应穿越其他房间，通向屋顶的门应向屋顶方向开启。发生火灾时，如果楼梯间进浓烟火灾通一层室外出口被火包围，可以逃生至屋顶等待救援。

地下室、半地下室的楼梯间，在首层应采用耐火极限不低于2.00h的隔墙与其他部位隔开并应直通室外，当必须在隔墙上开门时，应采用不低于乙级的防火门。地下室或半地下室与地上层不应共用楼梯间，当必须共用楼梯间时，应在首层与地下或半地下层的出入口处，设置耐火极限不低于2.00h的隔墙和乙级的防火门隔开，并应有明显标志。

每层疏散楼梯总宽度应按其通过人数每100人不小于1m计算，各层人数不相等时，其总宽度可分段计算，下层疏散楼梯总宽度应按其上层人数最多的一层计算。(一般建筑最小净宽不小于1.2m，医院1.3m，居住建筑1.1m)

一类公共建筑、塔式住宅、十二层及十二层以上的单元式住宅和通廊式住宅、高度超过32m的其他二类公共建筑应设消防电梯。

高层建筑消防电梯的设置数量：当每层建筑面积不大于1500m^{2}时，应设1台；当大于1500m^{2}但不大于4500m^{2}时，应设2台；当大于4500m^{2}时，应设3台。消防电梯可与客梯或工作电梯兼用，但应符合消防电梯的要求。

消防电梯宜分别设在不同的防火分区内，以便不同防火分区的扑救。消防电梯间应设前室，其面积：居住建筑不应小于4.50m^2；公共建筑不应小于6m^2。当与防烟楼梯间合用前室时，其面积：居住建筑不应小于6m^2；公共建筑不应小于10m^2。消防电梯是火灾时供消防队员使用的电梯，为了消防人员的人身安全，消防电梯间前室宜靠外墙设置，在首层应设直通室外的出口或经过长度不超过30m的通道通向室外。消防电梯间前室的门，应采

用乙级防火门或具有停滞功能的防火卷帘。由于消防人员的消防设施加上消防人员体重等要求，消防电梯的载重量不应小于800kg。消防电梯井、机房与相邻其他电梯井，机房之间，应采用耐火极限不低于2.00h的隔墙隔开，当在隔墙上开门时，应设甲级防火门。消防电梯的行驶速度，应按从首层到顶层的运行时间不超过60s计算确定，以便消防人员快速达到。消防电梯轿厢的内装修应采用不燃烧材料。动力与控制电缆、电线应采取防水措施。消防电梯轿厢内应设专用电话；并应在首层设供消防队员专用的操作按钮，以便消防人员与指挥中心联系。在火灾扑救时，会使用大量的消防用水，消防电梯间前室门口宜设挡水设施。消防电梯的井底应设排水设施，排水井容量不应小于2m^3，排水泵的排水量不应小于10L/s，以快速将扑救时产生的消防用水排出，保证消防电梯的正常使用。

第二节　高层建筑结构布置原则

进行高层建筑结构设计时，除了要根据建筑高度、抗震设防烈度等合理选择结构材料、抗侧力结构体系外，还应特别重视建筑体型和结构总体布置。建筑体型是指建筑的平面和立面，一般由建筑师根据建筑使用功能、建设场地条件、美学等因素综合确定；结构总体布置是指结构构件的平面布置和竖向布置，通常由结构工程师根据结构抵抗竖向荷载、抗风、抗震等要求，结合建筑平面和立面设计确定，与建筑体型密切相关。一个成功的建筑设计，一定是建筑师和结构工程师，从方案设计阶段开始，一直到设计完成，甚至到竣工密切合作的结果。成功的建筑，少不了结构工程师的创新及其创造力的贡献。

一、结构平面布置

高层建筑的外形一般可以分为板式和塔式两类。

板式建筑平面两个方向的尺寸相差较大，有明显的长或短边。因板式结构短边方向的侧向刚度差，当建筑高度较大时，在水平荷载作用下不仅侧向变形较大，还会出现沿房屋长度方向平面各点变形不一致的情况，因此长

度很大的“一”字形建筑的高宽比H/B须控制得更严格一些。在实际工程中，为了增大结构短边方向的抗侧刚度，可以将板式建筑平面做成折线形或曲线形。

此外，当建筑物长度较大时，在风荷载作用之下结构会出现因风力不均匀及风向紊乱变化而引起的结构扭转、楼板平面挠曲等现象。当建筑平面有较长的外伸（如平面为L形、H形、Y形等）时，外伸段与主体结构之间会出现相对运动的振型。为避免楼板变形带来的复杂受力情况，对于建筑物总长度及外伸长度都应加以限制。

塔式建筑中，平面形式常采用圆形、方形、长宽比较小的矩形、Y形、井形、三角形或其他各种形状。

无论采用哪一种平面形式，都宜使结构平面形状简单、规则，避免采用严重不规则平面形式。

在布置结构平面时，还应减少扭转的影响。要使结构的刚度中心和质量中心尽量重合，以减小扭转，通常偏心距不应超过垂直于外力作用线方向边长的5%。在考虑偶然偏心影响的规定水平地震力作用下，楼层竖向构件最大的水平位移和层间位移：

A级高度高层建筑不宜大于该楼层位移平均值的1.2倍，不应该大于该楼层位移平均值的1.5倍；

B级高度高层建筑、超过A级高度的合结构及复杂高层建筑（即带转换层的结构、带加强层的结构、错层高层结构、连体结构及竖向体型收进、悬挑结构）不宜大于该楼层位移平均值的1.2倍，不应大于该楼层位移平均值的1.4倍。结构扭转为主的第一自振周期与结构平动为主的第一自振周期之比，A级高度高层建筑不应大于0.9，B级高度高层建筑、超过A级高度的混合结构及复杂高层建筑不应大于0.85。在布置结构平面时，还应该注意砖填充墙等非结构受力构件的位置，因为它们也会影响结构刚度的均匀性。

复杂、不规则、不对称的结构必然带来难以计算和处理的复杂应力集中及扭转等问题，因此应注意避免出现凹凸不规则的平面及楼板开大洞口的情况。平面布置中，有效楼板宽度不宜小于该层楼面宽度的50%，楼板开洞总面积不宜超过楼面面积的30%，在扣除凹入或开洞后，楼板在任意方向的最小净宽度不宜小于5m，且开洞后每一边的楼板净宽度不应小于2m。楼板开大洞削弱后，应采取相应的加强措施，如加厚洞口附近的楼板，提高楼板配筋率，采用双层双向配筋；洞口边缘设置边梁、暗梁在楼板洞口角部集中配置斜向钢筋等。

另外，在结构拐角部位应力往往比较集中，因此应该避免在拐角处布置楼电梯间。

二、结构竖向布置

结构的竖向布置应规则、均匀，从上到下外形不变或变化不大，避免过大的外挑或内收；结构的侧向刚度宜下大上小，逐渐均匀变化，当楼层侧向刚度小于上层时，不宜小于相邻上层的70%，结构竖向抗侧力构件宜上下连续贯通，形成有利于抗震的竖向结构。

抗震设计中，当结构上部楼层收进部位到室外地面的高度与房屋高度之比大于0.2时，上部楼层收进后的水平尺寸不应小于下部楼层水平尺寸的75%；当上部结构楼层相对于下部楼层外挑时，上部楼层水平尺寸不宜大于下部楼层水平尺寸的1.1倍；且水平外挑尺寸不宜大于4m。

在地震区，不应采用完全由框支剪力墙组成的底部有软弱层的结构体系，也不应出现剪力墙在某一层突然中断而形成的中部具有软弱层的情况。顶层尽量不布置空旷的大跨度房间，如不能避免，应考虑由下到上刚度逐渐变化。当采用顶层有塔楼的结构形式时，要使刚度逐渐减小，不应该造成突变，在顶层突出部分（如电梯机房等）不宜采用砖石结构。

三、变形缝设置

考虑到结构不均匀沉降、温度收缩和体型复杂带来的应力集中对房屋结构产生的不利影响，常采用沉降缝、伸缩缝和抗震缝将房屋分成若干独立的结构单元。对这三种缝的要求，相关规范都做了原则性的规定。在实际工程中，设缝常会影响建筑立面效果，增加防水构造处理难度，因此常常希望不设或少设缝；此外，在地震区，设缝结构也有可能在强震下发生相邻结构相互碰撞的局部损坏。目前总的趋势是避免设缝，并从总体布置上或构造上采取一些相应措施来降低沉降、温度收缩和体型复杂带来的不利影响，是否设缝是确定结构方案的主要任务之一，应在初步设计阶段根据具体情况做出选择。

1. 沉降缝

高层建筑常由主体结构和层数不多的裙房组成，裙房与主体结构间高度和重量都相差悬殊，可采用沉降缝将主体结构和裙房从基础到结构顶层全部断开，使各部分自由沉降。但若高层建筑设置地下室，沉降缝会使地下室构造变得复杂，设缝部位的防水构造也不容易做好，因此可采取一定的措施减小沉降，不设沉降缝，把主体结构和裙房的基础做成整体。常用的具体措施有：

（1）当地基土的压缩性小时，可以直接采用天然地基，加大基础埋深，将主体结构和裙房建在一个刚度很大的整体基础上（如箱形基础或厚基础）；若低压缩性的土埋深较深，可采用桩基将重量传递到压缩性小的土层上以减小沉降差。

（2）当土质较好，且房屋的沉降能在施工期间完成时，可在施工时设置沉降后浇带，将主体结构与裙房从基础到房屋顶面暂时断开，待主体结构施工完毕，且大部分沉降完成后，再浇筑后浇带的混凝土，将结构连成整体。在设计之时，基础应考虑两个阶段不同的受力状态，对其分别进行强度校核，连成整体后的计算应当考虑后期沉降差引起的附加内力。

（3）当地基土较软弱，后期沉降较大，且裙房的范围不大时，可以在主体结构的基础上悬挑出基础，承受裙房重量。

（4）主楼与裙楼基础采取联合设计，即主楼与裙楼采取不同的基础形式，但中间不设沉降缝。设计时应主要考虑三点：第一，选择合适的基础沉降计算方法并确定合理的沉降差，观察地区性持久的沉降数据。第二，基本设计原则是尽可能减小主楼的重量和沉降量（例如采用轻质材料、采用补偿式基础等），同时在不导致破裂的前提下提高裙房基础的柔性，甚至可以采用独立柱基。第三，考虑施工的先后顺序，主楼应先行施工，让沉降尽可能预先发生，设计良好后浇带。

2. 伸缩缝

伸缩缝也称温度缝，新浇筑的混凝土在结硬过程中会因收缩而产生收缩应力；已建成的混凝土结构在季节温度变化、室内外温差以及向阳面和背阴面之间温差的影响下热胀冷缩而产生温度应力。混凝土结硬收缩大部分在施工后的头 12 个月完成，而温度变化对结构的作用则是经常发生的。为了避免产生收缩裂缝和温度裂缝，我国《高层建筑混凝土结构技术规程》(JGJ 3—2010）规定，现浇钢筋混凝土框架结构、剪力墙结构伸缩缝的最大间距分别为55m和45m，现浇框架-剪力墙结构或框架核心筒结构房屋的伸缩缝间距可根据具体情况取框架结构与剪力墙结构之间的数值，有充分依据或可靠措施时，可适当加大伸缩缝间距。伸缩缝在基础以上设置，若和抗震缝合并，伸缩缝的宽度不得小于抗震缝的宽度。

温度、收缩应力的理论计算比较困难，近年来，国内外已比较普遍地采取了一些施工或构造处理的措施来解决收缩应力问题，常用的措施如下：

(1）在温度变化影响较大的部位提高配筋率，减小温度和收缩裂缝的宽度，并使裂缝分布均匀，如顶层、底层、山墙、纵墙端开间。对于剪力墙结构，这些部位的最小构造配筋率为0.25%，实际工程一般都在0.3%以上。

(2）顶层加强保温隔热措施或设架空通风屋面，避免屋面结构温度梯度过大。外墙可设置保温层。

(3）顶层可局部改变为刚度较小的形式（如剪力墙结构顶层局部改为框架或顶层设双墙或双柱，做局部伸缩缝，将顶部结构划分为多个较短的温度区段。

(4）每隔30～40m间距留出施工后浇带，带宽800～1 000mm，钢筋用搭接接头，后浇带混凝土宜在45天后浇筑。

(5）采用收缩性小的水泥，减少水泥用量，在混凝土中加入适量的外加剂。

(6）提高每层楼板的构造配筋率或者采用部分预应力结构。

3. 防震缝

当房屋平面复杂、不对称或结构各部分刚度、高度和重量相差悬殊时，在地震力作用下，会造成扭转及复杂的振动状态，在连接薄弱部位会造成震害。可通过防震缝将房屋结构划分为若干独立的抗震单元，使各个结构单元成为规则结构。

在设计高层建筑时，宜调整平面形状和结构布置，避免设置防震缝。体型复杂、平立面不规则的建筑，应根据不规则程度、地基基础条件及技术经济等因素的比较分析，确定是否设置防震缝。

凡是设缝的部位应考虑结构在地震作用下因结构变形、基础转动或平

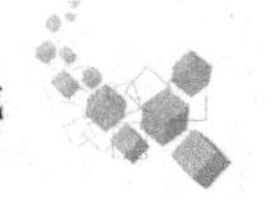

移引起的最大可能侧向位移，故应留够足够的缝宽。《高层建筑混凝土结构技术规程》(JGJ 3—2010) 规定，当必须设置防震缝时，应满足以下要求：

(1) 框架结构房屋高度不超过 15m 时，防震缝宽度不应小于 100m；超过 15m 时，6 度、7 度、8 度和 9 度分别每增高 5mm3m 和 2m，宜加宽 20mm。

(2) 框架 - 剪力墙结构房屋的防震缝宽度可取框架结构房屋防震缝宽度的 70%，剪力墙结构房屋的防震缝宽度可取框架结构房屋防震缝宽度的 50%，同时均不应小于 100mm。

(3) 防震缝两侧结构体系不同时，防震缝宽度应按不利的结构类型确定。

(4) 防震缝两侧的房屋高度不同时，防缝宽度可按较低的房屋高度确定。

(5) 按 8 度、9 度抗震设计的框架结构房屋，防震缝两侧结构层高相差较大时防震缝两侧框架柱的箍筋应沿房屋全高加密，并可根据需要沿房屋全高在缝两侧各设置不少于两道垂直于防震缝的抗撞墙。

(6) 当相邻结构的基础存在较大沉降差时，宜加大防震缝的宽度。

(7) 防震缝宜沿房屋全高设置，地下室、基础可不设防震缝，但是在与上部设缝位置对应处应加强构造和连接。

(8) 结构单元之间或主楼与裙房之间不宜采用牛腿托梁的做法设置防震缝，否则应采取可靠措施。

四、楼盖设置

在一般层数不太多、布置规则、开间不大的高层建筑中，楼盖体系与多层建筑的楼盖相似。但在层数更多 (如 20 ~ 30 层及以上，高度超过 50m) 的高层建筑中对楼盖的水平刚度及整体性要求更高。当采用筒体结构时，楼盖的跨度通常较大 (10 ~ 16m)，且平面布置不易标准化。此外，楼盖的结构高度会直接影响建筑的层高从而影响建筑的总高度，房屋总高度的增加会大大增加墙、柱、基础等构件的材料用量，还会加大水平荷载，从而增加结构造价，同时会增加建筑、管道设施、机械设备等的造价，因此，高层建筑还应注意减小楼盖的重量，基于以上原因，《高层建筑混凝土结构技术规程》(JGJ 3-2010) 对楼盖结构提出了以下要求：

(1) 房屋高度超过 50m 时，框架 - 剪力墙结构筒体结构及复杂高层建筑结构应采用现浇楼盖结构，剪力墙结构和框架结构宜采用现浇楼盖结构。

（2）房屋高度不超过50m时，8度、9度抗震设计时宜采用现楼盖结构，6度、7度抗震设计时可采用装配整体式楼盖，且应符合相关构造要求。如楼盖每层宜设置厚度不小于50mm的钢筋混凝土现浇层，并应双向配置直径不小于6mm间距不大于200mm的钢筋网，钢筋应固在梁或力墙内。楼盖的预制板板缝上缘宽度不宜小于40mm；板缝大于40mm时，应在板缝内配置钢筋，并宜贯通整个结构单元。现浇板缝梁的混凝土强度等级宜高于预制板的混凝土强度等级。预制空心板孔端应有堵头，堵头深度不宜小于60mm，并应采用强度等级不低于C20的混凝土浇灌密实。预制板板端宜留胡子筋，其长度不宜小于100mm。对无现浇叠合层的预制板，板端搁置在梁上的长度不宜小于50mm。

（3）房屋的顶层、结构转换层、大底盘多塔楼结构的底盘顶层、平面复杂或开洞过大的楼层、作为上部结构嵌固部位的地下室楼层都应采用现浇楼盖结构。一般楼层现浇楼板厚度不应小于80mm，板内预埋暗管时不宜小于10mm，顶层楼板厚度不宜小于120mm，且宜双层双向配筋。普通地下室顶板厚度不宜小于160mm；作为上部结构嵌固部位的地下室楼层的顶楼盖应采用梁板结构，楼板厚度不宜小于180mm，且应采用双层双向配筋，每层每个方向的配筋率不应小于0.25%。

（4）现浇预应力混凝土楼板厚度可按跨度的1/50～1/45采用，且不宜小于150mm。

总的来说，在高度较大的高层建筑中应选择结构高度小、整体性好、刚度好、重量较轻，满足使用要求并便于施工的楼盖结构。当前国内外建筑业总的趋势是采用现浇楼盖或预制与现浇结合的叠合板，应用预应力或部分预应力技术，并应用工业化的施工方法。在现浇肋梁楼盖中，为了适应上述要求，常用宽梁或密肋梁以降低结构高度，其布置和设计与一般梁板体系并无不同。

叠合楼板有两种形式：一种是用预制的预应力薄板为模板，上部现浇普通混凝土硬化后与预应力薄板共同受力，形成叠合楼板：另一种是以压型钢板为模板，上面浇普通混凝土，硬化后共同受力。叠合板可加大跨度，减小板厚，并可节约模板，整体性好，在我国的应用已十分广泛。

无黏结后张预应力混凝土平板是适应高层公共建筑中大跨度要求的一种楼盖形式，可做成单向板，也可做成双向板，可用于筒中筒结构，也可用于

无梁楼盖中。它比一般梁板结构约减小300mm的高度，设备管道及电气管线可在楼板下通行无阻模板简单，施工方便，已在实际工程中得到了大量应用。

五、基础形式及埋深

高层建筑的基础是整个结构的重要组成部分。高层建筑由于高度大、重量大，在水平力作用下有较大的倾覆力矩及剪力，因此对基础及地基的要求也较高：地基应比较稳定，具有较大的承载力、较小的沉降；基础应刚度较大且变形较小，且较为稳定同时还应防止倾覆、滑移以及不均匀沉降。

1. 基础形式

（1）箱形基础。箱形基础是由数量较多的纵向与横向墙体和有足够厚度的底板、顶板组成的刚度很大的箱形空间结构。箱形基础整体刚度好，能将上部结构的荷载较均匀地传递给地基或桩基，能利用自身刚度调整沉降差异，同时，又使得部分土体重量得到置换，可降低土压力。箱形基础对上部结构的嵌固接近于固定端条件，使计算结果与实际受力情况较一致，箱形基础有利于抗震，在地震区采用箱形基础的高层建筑震害较轻。但由于箱形基础必须有间距较密的纵横墙，且墙上开洞面积受到限制，故当地下室需要较大空间和建筑功能要求较灵活地布置时(如地下室做地下商场、地下停车场、地铁车站等)，就难采用箱形基础。

一般来说，当高层建筑的基础可以采用箱形基础时，则尽可能选用箱基，因为它的刚度及稳定性都较好。

（2）筋形基础。筋形基础具有良好的整体刚度，适用于地基承载力较低、上部结构竖向荷载较大的工程。它既能抵抗及协调地基的不均匀变形，又能扩大基底面积，将上部荷载均匀传递到地基土上。

筋形基础本身是地下室的底板，厚度较大，具有良好的抗渗性能。它不必设置很多内部墙体，可以形成较大的自由空间，便于地下室的多种用途，因此能较好地满足建筑功能上的要求筋形基础如同倒置的楼盖，可采用平板式和梁板式两种形式。采用梁板式筋形基础的梁可设在板上或板下（土体中）。当采用板上梁时，梁应留出排水孔，并设置架空底板。

（3）桩基础。桩基础也是高层建筑中广泛采用的一种基础类型。基础具有承载力可靠、沉降小，并能减少土方开挖量的优点。当地基浅层土质软弱或存在可液化地基时，可选择桩基础。若采用端承桩，桩身穿过软弱土层或可液化土层支承在坚实可靠的土层上，若采用摩擦桩，桩身可以穿过可液化土层，深入非液化土层。

2. 基础埋置深度

高层建筑的基础埋置深度一般比低层建筑和多层建筑的要大一些，因为一般情况下，较深的土壤的承载力大且压缩性小，较为稳定；同时，高层建筑的水平剪力较大要求基础周围的土壤有一定的嵌固作用，能提供部分水平反力。此外，在地震作用下地震波通过地基传到建筑物上，通常在较深处的地震波幅值较小，接近地面幅值增大，高层建筑埋深大一些，可减小地震反应。

但基础埋深加大，工程造价和施工难度会相应增加，且工期增加。因此《高层建筑混凝土结构技术规程》(JGJ 3—2010) 中规定：

(1) 一般天然地基或复合地基，可取建筑物高度 (室外地面至主体结构檐口或屋顶板面的高度) 的 1/15，并且不小于 3m。

(2) 桩基础，不计桩长，可取建筑高度的 1/18。

(3) 岩石地基，埋深不受上条的限制，但应验算倾覆，必要时还应验算滑移。但验算结果不满足要求时，应采取有效措施以确保建筑物的稳固。如采用地错等措施地锚的作用是把基础与岩石连接起来，防止基础滑移，在需要时地锚应能承受拉力。高层建筑宜设地下室，对于有抗震设防要求的高层建筑，基础埋深宜一致，不宜采用局部地下室。在进行地下室设计时，应该综合考虑上部荷载、岩土侧压力及地下水的不利作用影响。地下室应满足整体抗浮要求，可采取排水、加配重或设置抗拔锚 (杆) 等措施。高层建筑地下室不宜设置变形缝，当地下室长度超过伸缩缝最大间距时，可考虑利用混凝土后期强度，降低水泥用量，也可每隔 30 ~ 40m 设置贯通顶板底部及墙板的施工后浇带。

第三节 高层建筑结构荷载

高层建筑与一般建筑结构一样，都受到竖向荷载和水平荷载作用，竖向荷载 (包括结构自重及竖向使用活荷载等) 的计算与一般结构相同，因此

这里主要介绍水平荷载——风荷载和水平地震作用的计算方法。

一、风荷载

当空气流动形成的风遇到建筑物时，就在建筑物表面产生压力和吸力，即称为建筑物的风荷载。风荷载的大小主要受到近地风的性质、风速、风向的影响，且与建筑物所处的地形地貌有关，此外，还受建筑物本身高度、形状以及表面状况的影响。

我国《建筑结构荷载规范》(GB 50009—2012)(以下简称《荷载规范》) 给出了计算主要受力结构时，垂直于建筑物表面上的风荷载标准值的计算方法：

$$w_k = \beta_z \mu_s \mu_z w_0 \tag{2-1}$$

式中：w_k——风荷载标准值，kN/m^2；

β_z——高度 z 处的风振系数；

μ_s——风荷载体型系数；

μ_z——风压高度变化系数；

w_0——基本风压，kN/m^2。

二、总风荷载和局部风荷载

在进行结构设计时，应使用总风荷载计算风荷载作用下结构的内力及位移，当需要对结构某部位构件进行单独设计或验算时，还应计算风荷载对该构件的局部效应。

(一) 总风荷载

总风荷载为建筑物各个表面承受风力的合力，是沿建筑物高度变化的线荷载，通常按 x、y 两个相互垂直的方向分别计算总风荷载。

z 高度处的总风荷载标准值 (kN/m) 可按下式计算：

$$w_z = \beta_z \mu_z w_0 (\mu_{s1} B_1 \cos\alpha_1 + \mu_{s2} B_2 \cos\alpha_2 + \cdots + \mu_{sn} B_n \cos\alpha_n) \tag{2-2}$$

式中：n——建筑物外围表面积数 (每一个平面作为一个表面积)；

B_1，B_2，B_n——n 个表面的宽度；

μ_{s1}，μ_{s2}，μ_{sn}——n 个表面的平均风载体型系数，按附录取用；

α_1，α_2，α_n——n 个表面法线与风作用方向的夹角。

当建筑物某个表面与风力作用方向垂直时，$\alpha_i=0^{\circ}$ 这个表面的风压全部计入总风荷载；当某个表面与风力作用方向平行时，$\alpha_i=90^{\circ}$，这个表面的风压不计入总风荷载；其他与风作用方向成某一夹角的表面，都应计入该表面上压力在风作用方向的分力。要注意的是：根据体型系数正确区分是风压力还是风吸力，以便作矢量相加。

各表面风荷载的合力作用点，即总风荷载的作用点。其作用点位置按静力矩平衡条件确定。

（二）局部风荷载

实际上风压在建筑物表面上是不均匀的，在某些风压较大的部位，要考虑局部风荷载对某些构件的不利作用。此时，采用局部体型系数。

三、地震作用

（一）地震成因

根据产生的原因不同，地震可分为构造地震、火山地震和陷落地震。构造地震是指由于地壳运动（地质构造运动）推挤地壳岩石导致其薄弱部位发生断裂错动而引起的地震，火山地震是指由于火山爆发引起的地震，陷落地震是指由于地表或地下孔洞突然大规模塌陷引起的地震。构造地震约占全球地震的 90% 以上，主要发生在太平洋板块、欧亚板块、美洲板块等六大板块的交界地区。火山地震约占全球地震的 7%，主要分布在环太平洋、地中海及东非地带。陷落地震约占全球地震的 3%，主要发生在具有地下溶洞或古旧矿坑地质条件的地区。构造地震影响范围广泛、释放的能量也大，因此其破坏力更强，相对而言，火山地震和陷落地震的影响范围和破坏程度较小，因此，在工程结构的抗震设计中，主要考虑构造地震的影响。

构造地震的地壳运动与地球的构造和运动有关。

地球由性质不同的三个层次构成：最里层是地核；中间层是地幔，较厚；最外层是地壳，较薄。最里层的地核，其半径约为 3 500km，目前尚不清楚其成分和状态，由于地核温度高达 4 000℃～5 000℃，因此一般认为地

核为液态。地核外面是地幔，其厚度约为2 900km，它主要由结构较均匀，质地十分坚硬的橄榄岩组成。最外层的是地壳，一般厚度为30～40km，是由各种厚薄不一且结构不均匀的岩层组成，构造地震主要发生在地壳中。

地球内部是不断运动的，其结果之一就是导致了构造地震的产生。地表以下，温度随深度的增加而不断上升，在地幔的上部，物质开始呈流动状态，物质在地幔中产生对流，同时释放能量，导致地壳岩石层不断运动（如形变、错动和断裂等），进而使得地壳中某些部位的地应力不断加强和累积，当这种应力超过某些薄弱部位岩石的强度极限时，这些部位的岩层就会突然发生断裂和猛烈错动，此时，岩层中累积的应变能全部释放出来，再以弹性波的形式传到地面，就产生了地震。岩层的破裂通常不是沿一个平面发展，而是形成一系列裂缝组成的破碎带，沿该破碎带的岩层不可能同时达到平衡，因此在一次强烈地震后，由于岩层的变形和不断调整，导致了一系列余震的产生。

根据震源的深浅不同，地震可分为浅源地震、中源地震和深源地震。全世界所有地震释放的能量中约85%来自浅源地震，其震源深度一般在70km以内，浅源地震发生的次数最多，造成的危害也最大。全世界所有地震释放的能量中约12%来自中源地震，其震源深度为70～300km。全世界所有地震释放的能量中剩下的约3%来自深源地震，其震源深度超过300km。

（二）地震波和地面运动

岩层断裂处，即发震点，称为震源。地表正对震源上方的点称为震中。震中到震源的垂直距离称为震源深度。结构或构件到震源之间的距离称为震源距。结构或构件到震中之间的距离称为震中距。

地震波是指地震引起的振动以波的形式从震源向各个方向传播并释放能量。它包括面波和体波，面波只在地面附近传播，体波在地球内部传播。

体波分为两种形式：横波和纵波。在横波的传递过程中，介质质点的振动方向与波的前进方向垂直，又可称为剪切波；在纵波的传递过程中，其介质质点的振动方向与波的前进方向一致，又可称为压缩波。可见，纵波比横波的传播速度快。

体波经地层界面多次反射形成的次声波即面波。由于面波振幅大、周

期长，且只在地表附近传播，比体波衰减慢，所以能传播到更远的地方。面波包含乐甫波和瑞雷波两种。乐甫波传播时，质点只在与传播方向相垂直的水平方向运动，波在地面上以蛇形运动形式传播。瑞雷波传播时，质点在波的传播方向和地面法线组成的平面内做椭圆运动，而在与该平面垂直的水平方向没有振动，波在地面上以呈滚动形式传播。

由于传播速度不同，当地震来临时，一般情况下，首先到达的是纵波，继而是横波，最后是面波。当横波或面波到达时，其振幅大，地面振动最猛烈，造成的危害也最大。

(三) 工程抗震设防

为了减轻工程结构的地震破坏，降低地震灾害造成的损失，需要进行工程抗震。减轻震害的有效措施包括对新建工程进行抗震设防和对已有工程进行抗震加固。由于地震的发生时间、地点和强度都具有不确定性，目前，为适应这个特点，采用的方法是基于概率含义的地震预测。该方法根据区域性地质构造、地震活动性和历史地震资料，将地震发生及其影响看作随机现象，划分潜在的震源区，分析震源地震活动性，确定地震衰减规律，利用概率方法评价未来一定期限内某一地区遭受不同强度地震影响的可能性，给出以概率形式表达的地震烈度区划。依据我国《建筑工程抗震设防分类标准》(GB 50223—2008) 的定义，抗震设防烈度是指按国家规定的权限批准作为一个地区抗震设防依据的地震烈度，一般情况下，取50年内超越概率10%的地震烈度。

(四) 抗震设计的两阶段方法

以抗震设防的性能水准为目标，抗震设计采取二阶段方法。第一阶段设计，对有抗震要求的建筑均属基本的、必须遵循的设计内容；第二阶段设计，仅为抗震有特殊要求或在地震时易倒塌的建筑才须考虑。

第一阶段为结构设计阶段，主要任务是承载力计算，辅以一系列构造措施。

第二阶段为验算阶段，主要任务是对抗震有特殊要求或对地震特别敏感、存在大震作用时易发生震害的薄弱部位进行弹塑性变形验算。

抗震设计的两阶段方法是对性能水准抗震设计思想的落实，再将其付诸实践。通过二阶段设计中的第一阶段对构件截面承载力的计算和第二阶段对弹塑性变形的验算，加之与概念设计和构造措施相结合，从而实现抗震设防中的抗震性能目标。

第三章　框架结构设计

第一节　框架结构内力的近似计算方法

一、框架结构的计算简图

框架结构一般有按空间结构分析和简化成平面结构分析两种方法。借助计算机编制程序进行分析时，常常采用空间结构分析模型，但在初步设计阶段，为确定结构布置方案或估算构件截面尺寸，还需要一些简单的近似计算方法，这时常常采用简化的平面结构分析模型，以便既快又省地解决问题。

（一）计算单元

一般情况下，框架结构是空间受力体系，但在简化成平面结构模型分析时，为方便起见，常常忽略结构纵向和横向之间的空间联系，忽略各构件的抗扭作用，将框架简化为纵向平面框架和横向平面框架分别进行分析计算。通常横向框架的间距相同，作用于各横向框架上的荷载相同，框架的抗侧刚度相同，因此，除端部框架外，各榀横向框架产生的内力和变形近似，进行结构设计时可选取其中一榀具有代表性的横向框架进行分析，而作用于纵向框架上的荷载一般各不相同，必要时应分别进行计算。

（二）节点的简化

框架节点一般是三向受力，但当按平面框架进行分析时，节点也做相应的简化。框架节点可简化为刚接节点、铰接节点和半铰接节点，要根据施工方案和构造措施确定。在现浇钢筋混凝土结构中，梁柱内的纵向受力钢筋都将穿过节点或锚入节点区，因此一般应简化为刚接节点。

装配式框架结构是在梁和柱子的某些部位预埋钢板，安装就位后再焊

接起来，由于钢板在其自身平面外的刚度很小，同时，焊接质量随机性很大，难以保证结构受力后梁柱间没有相对转动，因此常把这类节点简化为铰接节点或半铰接节点。

装配整体式框架结构梁柱节点中，一般梁底的钢筋可采用焊接、搭接或预埋钢板焊接，梁顶钢筋则必须采用焊接或通长布置，并将现浇部分混凝土。节点左右梁端均可有效地传递弯矩，因此可认为是刚接节点。当然这种节点的刚性不如现浇框架好，节点处梁端的实际负弯矩要小于计算值。

(三) 跨度与计算高度的确定

在结构计算简图中，杆件用其轴线表示。框架梁的跨度即取柱子轴线间的距离，当上、下层柱截面的尺寸发生变化时，一般以最小截面的形心线来确定。柱子的计算高度，除底层外取各层层高，底层柱则从基础顶面算起。

对于倾斜的或折线形横梁，当其坡度小于1/8时，可简化为水平直杆。对于不等跨框架，当各跨跨度相差不大于10%，在手算时可简化为等跨框架，跨度取原框架各跨跨度的平均值，以减少计算工作量。

(四) 计算假定

框架结构采用简化平面计算模型进行分析时，做以下计算假定:

(1) 高层建筑结构的内力和位移按弹性方法进行。非抗震设计时，在竖向荷载和风荷载作用下，结构应保持正常的使用状态，结构处于弹性工作阶段；抗震设计时，结构计算是针对多遇的小震进行的，此时结构处于不裂、不坏的弹性阶段。因为属于弹性计算，计算时可利用叠加原理，不同荷载作用时，可以进行内力组合。

(2) 一片框架在其自身平面内刚度很大，可以抵抗在自身平面内的侧向力，而在平面外的刚度很小，可以忽略，即垂直于该平面的方向不能抵抗侧向力。因此，可以将整个结构划分为不同方向的平面抗侧力结构，通过水平放置的楼板 (楼板在其自身平面内刚度很大，可视为刚度无限大的平板)，将各平面抗侧力结构连接在一起共同抵抗结构承受的侧向水平荷载。

(3) 高层建筑结构的水平荷载主要是风力和等效地震荷载，它们都是作

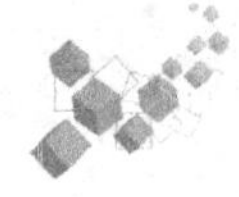

用于楼层的总水平力。水平荷载在各片抗侧力结构之间按各片抗侧力结构的抗侧刚度进行分配，刚度越大，分配到的荷载也越多，不能像低层建筑结构那样按照受荷面积计算各片抗侧力结构的水平荷载。

(4) 分别计算每片抗侧力结构在所分到的水平荷载作用下的内力和位移。

二、竖向荷载作用下内力的近似计算方法——弯矩二次分配法

框架在结构力学中称为刚架，其内力和位移的计算方法很多，常用的手算方法有力矩分配法、无剪力分配法、迭代法等，均为精确算法；计算机程序分析方法常采用矩阵位移法。而常用的手算近似计算方法主要有分层法、弯矩二次分配法，它们计算简单、易于掌握，又能反映刚架受力和变形的基本特点。本节主要介绍竖向荷载作用下手算近似计算方法——弯矩二次分配法。

多层多跨框架在竖向荷载作用下，侧向位移较小，计算时可忽略侧移影响，采用力矩分配法进行计算。由精确分析可知，每层梁的竖向荷载对其他各层杆件内力的影响不大，因此多层框架某节点的不平衡弯矩仅对其相邻节点影响较大，对其他节点的影响较小，因而可将弯矩分配法简化为各节点的弯矩二次分配和对与其相交杆件远端的弯矩一次传递，此即为弯矩二次分配法。

以上两点即为弯矩二次分配法计算所采用的两个假定，即：

(1) 在竖向荷载作用下，可忽略框架的侧移。

(2) 本层横梁上的竖向荷载对其他各层横梁内力的影响可忽略不计。即荷载在本层节点产生不平衡力矩，经过分配和传递，才影响到本层的远端；然后，在杆件远端再经过分配，才影响到相邻的楼层。

结合结构力学力矩分配法的计算原则和上述假定，弯矩二次分配法的计算步骤可概括为：

① 计算框架各杆件的线刚度、转动刚度和弯矩分配系数。

② 计算框架各层梁端在竖向荷载作用下的固端弯矩。

③ 对由固端弯矩在各节点产生的不平衡弯矩，按照弯矩分配系数进行第一次分配。

④ 按照各杆件远端的约束情况取不同的传递系数（当远端刚接，传递系

数均取 1/2；当远端为定向支座，传递系数取为 -1)，将第一次分配到杆端的弯矩向远端传递。

⑤ 将各节点由弯矩传递产生的新的不平衡弯矩，按照弯矩分配系数进行第二次分配，使各节点上的弯矩达到平衡。至此，整个弯矩分配和传递过程即告结束。

⑥ 将各杆端的固端弯矩、分配弯矩和传递弯矩叠加，即得各杆端弯矩。

这里经历了"分配—传递—分配"三道运算，余下的影响已经很小，可以忽略。

竖向荷载作用下可以考虑梁端塑性内力重分布而对梁端负弯矩进行调幅，现浇框架调幅系数可取 0.80 ~ 0.90。一般在计算中可以采用 0.85。将梁端负弯矩值乘以 0.85 的调幅系数，然后跨中弯矩相应增大。但是一定要注意，弯矩调幅只影响梁自身的弯矩，柱端弯矩仍然要按照调幅前的梁端弯矩求算。

三、水平荷载作用下内力的近似计算方法——反弯点法与 D 值法

(一) 反弯点法

框架所受水平荷载主要是风荷载和水平地震作用，它们一般都可简化为作用于框架节点上的水平集中力。由精确分析方法可知，框架结构在节点水平力作用下各杆的弯矩图都呈直线形，且一般都有一个零弯矩点，称为反弯点。反弯点所在截面上的内力为剪力和轴力 (弯矩为零)，如果能求出各杆件反弯点处的剪力，并确定反弯点高度，则可求出各柱端弯矩，进而求出各梁端弯矩。因此假定:

(1) 在求各柱子所受剪力时，假定各柱子上、下端都不发生角位移，即认为梁、柱线刚度之比为无限大。

(2) 在确定柱子反弯点的位置时，假定除底层以外的各个柱子的上、下端节点转角均相同，即假定除底层外，各柱反弯点位于 1/2 柱高处，底层柱子的反弯点位于距柱底 2/3 高度处。

一般认为，当梁的线刚度与柱的线刚度之比超过 3 时，上述假定基本能满足，计算引起的误差能满足工程设计的精度要求。

（二）*D* 值法

反弯点法在考虑柱侧移刚度时，假设节点转角为零，亦即横梁的线刚度假设为无穷大。对于层数较多的框架，由于柱轴力大，柱截面也随之增大，梁柱相对线刚度比较接近，甚至有时柱的线刚度反而比梁大，这样，上述假定将得不到满足，若仍按该方法计算，将产生较大的误差。此外，采用反弯点法计算反弯点高度时，假设柱上下节点转角相等，而实际上这与梁柱线刚度之比、上下层横梁的线刚度之比、上下层层高的变化等因素有关。日本武藤清教授在分析了上述影响因素的基础上，对反弯点法中柱的抗侧刚度和反弯点高度进行了修正。修正后的柱抗侧刚度以 D 表示，故此法又称为“D 值法”。D 值法的计算步骤与反弯点法相同，但是计算简单、实用、精度比反弯点法高，在高层建筑结构设计中得到了广泛应用。

第二节　框架结构在水平荷载作用下侧移的近似计算

框架侧移主要是由水平荷载引起的。由于过大的侧移将对结构带来诸多不利影响，因此设计时需要分别对层间位移及顶点侧移加以限制，下面介绍框架侧移的近似计算方法。

图 3-1 所示的单跨 9 层框架，承受楼层处集中水平荷载。如果只考虑梁柱杆件弯曲产生的侧移，则侧移曲线如图 3-1（b）中虚线所示，它与悬臂柱剪切变形的曲线形状相似，可称为剪切型变形曲线。如果只考虑柱轴向变形形成的侧移曲线，如图 3-1（c）中虚线所示，它与悬臂柱弯曲变形的曲线形状相似，可称为弯曲型变形曲线。为便于理解，可以把图 3-1 中的框架看成一根空腹的悬臂柱，它的截面高度为框架跨度。如果通过反弯点将某层切开，空腹悬臂柱的弯矩 M 和剪力 V 如图 3-1(d) 所示，其中，M 由柱轴向力 N_A、N_B 这一力偶组成，V 由柱截面剪力 V_A、V_B 组成。梁柱弯曲变形是由剪力 V_A、V_B 引起的，相当于悬臂柱的剪切变形，所以变形曲线呈剪切型。柱轴向变形由轴力产生，相当于弯矩 M 产生的变形，所以变形曲线呈弯曲形。

框架的总变形由上述两部分组成。由图 3-1 可见，多层框架结构中，柱

轴向变形引起的侧移很小，通常可以忽略。在近似计算中，只须计算由杆件弯曲引起的剪切型变形；在高层框架结构中，柱轴向力较大，柱轴向变形引起的侧移则不能忽略。一般来说，两者叠加以后的侧移曲线仍以剪切型为主。

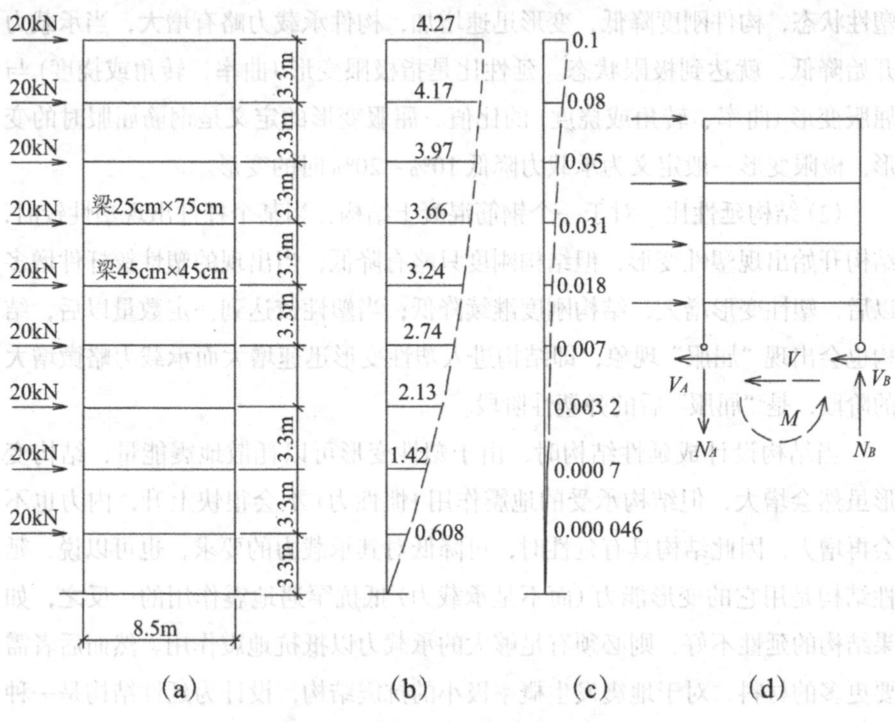

图 3–1　剪切型变形与弯曲型变形

第三节　钢筋混凝土框架的延性设计

位于设防烈度 6 度及 6 度以上地区的建筑都要按规定进行抗震设计，除了必须具有足够的承载力和刚度外，还应具有良好的延性和耗能能力。钢结构的材料本身就具有良好的延性，而钢筋混凝土结构要通过延性设计，才能实现延性结构。

一、延性结构的概念

延性是指构件和结构屈服后，在强度或承载力没有大幅度下降的情况下，

仍然具有足够塑性变形能力的一种性能，一般用延性比表示延性。塑性变形可以耗散地震能量，大部分抗震结构在中震作用下都能进入塑性状态而耗能。

(1) 构件延性比。对于钢筋混凝土构件，当受拉钢筋屈服以后，即进入塑性状态，构件刚度降低，变形迅速增加，构件承载力略有增大，当承载力开始降低，就达到极限状态。延性比是指极限变形（曲率、转角或挠度）与屈服变形（曲率、转角或挠度）的比值。屈服变形的定义是钢筋屈服时的变形，极限变形一般定义为承载力降低 10% ~ 20% 时的变形。

(2) 结构延性比。对于一个钢筋混凝土结构，当某个杆件出现塑性铰时，结构开始出现塑性变形，但结构刚度只略有降低；当出现的塑性铰杆件增多以后，塑性变形增大，结构刚度继续降低；当塑性铰达到一定数量以后，结构也会出现“屈服”现象，即结构进入塑性变形迅速增大而承载力略微增大的阶段，是“屈服”后的弹塑性阶段。

当结构设计成延性结构时，由于塑性变形可以耗散地震能量，结构变形虽然会增大，但结构承受的地震作用（惯性力）不会很快上升，内力也不会再增大，因此结构具有延性时，可降低对其承载力的要求，也可以说，延性结构是用它的变形能力（而不是承载力）抵抗罕遇地震作用的；反之，如果结构的延性不好，则必须有足够大的承载力以抵抗地震作用。然而后者需要更多的材料，对于地震发生概率极小的抗震结构，设计为延性结构是一种经济的对策。

二、延性框架设计的基本措施

为了实现抗震设防目标，钢筋混凝土框架应设计成具有较好耗能能力的延性结构。耗能能力通常可用往复荷载作用下构件或结构的力 - 变形滞回曲线包含的面积度量。在变形相同的情况下，滞回曲线包含的面积越大，则耗能能力越大，对抗震越有利。梁的耗能能力大于柱的耗能能力，构件弯曲破坏的耗能能力大于剪切破坏的耗能能力。通过对地震震害、试验研究和理论分析得出，钢筋混凝土延性框架设计应满足以下基本要求。

(一) 强柱弱梁

震害、试验研究和理论分析结果表明，梁铰机制〔指塑性铰出在梁端

(注意不允许在梁的跨中出铰，因为这样容易导致局部破坏)，除柱角外，柱端无塑性铰，是一种整体机制〕优于柱铰机制(是指在同一层所有柱的上、下端形成塑性铰，是一种局部机制)。梁铰分散在各层，不至于形成倒塌机构，而柱铰集中在某一层，塑性变形集中在该层，该层为柔性层或薄弱层，形成倒塌机构；且梁铰的数量远多于柱铰的数量，在同样大小的塑性变形和耗能要求下，对梁铰的塑性转动能力要求低，对柱铰的塑性转动能力要求高；此外，梁是受弯构件，容易实现大的延性和耗能能力，柱是压弯构件，尤其是轴压比大的柱，不容易实现大的延性和耗能能力。因此，应将钢筋混凝土框架尽量设计成“强柱弱梁”，即汇交在同一节点的上、下柱端截面在轴压力作用下的受弯承载力之和应大于两侧梁端截面受弯承载力之和。实际工程中，很难实现完全梁铰机制，往往是既有梁铰，又有柱铰的混合机制。

(二) 强剪弱弯

弯曲(压弯)破坏优于剪切破坏。梁、柱剪切破坏属于脆性破坏，延性小，力-变形滞回曲线“捏拢”严重，构件的耗能能力差，而弯曲破坏为延性破坏，滞回曲线包含的面积大，构件耗能能力好。因此，梁、柱构件应按“强剪弱弯”设计，即梁、柱的受剪承载力应分别大于其受弯承载力对应的剪力，推迟或避免其发生剪切破坏。

(三) 强节点，强锚固

梁-柱核芯区的破坏为剪切破坏，可能导致框架失效。在地震往复作用下，伸入核芯区的纵筋与混凝土之间的黏结破坏会导致梁端转角增大，从而导致层间位移增大，因此不允许发生核芯区破坏以及纵筋在核芯区的锚固破坏。在设计时做到“强节点、强锚固”，即核芯区的受剪承载力应大于汇交在同一节点的两侧梁达到受弯承载力时对应的核芯区剪力，在梁、柱塑性铰充分发展前，核芯区不破坏；同时，伸入核芯区的梁、柱纵向钢筋在核芯区内应有足够的锚固长度，避免因黏结、锚固破坏而使层间位移增大。

(四) 限制柱轴压比并进行局部加强

钢筋混凝土小偏心受压柱的混凝土相对受压区高度大，导致其延性和

耗能能力降低，因此小偏压柱的延性和耗能能力显著低于大偏心受压柱。在设计中，可通过限制框架柱的轴压比（平均轴向压应力与混凝土轴心抗压强度之比），并采取配置足够的箍筋等措施，以获得较大的延性和耗能能力。

除此之外，还应提高和加强柱根部以及角柱、框支柱等受力不利部位的承载力和抗震构造措施，避免其过早破坏。

第四章　剪力墙结构设计

第一节　剪力墙结构的受力特点和分类

一、剪力墙结构的受力特点

剪力墙结构，系指由剪力墙组成的承受竖向和水平作用的结构。高层建筑结构中的剪力墙，多为钢筋混凝土剪力墙。其受力特点主要有：

(1) 竖向荷载和水平作用全由剪力墙承担。

(2) 剪力墙抗侧刚度大，侧位移小，属刚性结构。

(3) 水平作用下，剪力墙变形呈弯曲形。

(4) 剪力墙结构开间死板，建筑布置不灵活。

二、剪力墙的分类

(一) 整体剪力墙

整体剪力墙为墙面上不开洞口或洞口很小的实体墙。后者洞口面积小于整个墙面面积的 15%，且洞口之间的距离及洞口距墙边的距离均大于洞口的长边尺寸的剪力墙。整体剪力墙在水平荷载作用下，以悬臂梁（嵌固于基础顶面）的形式工作，与一般悬臂梁不同之处，仅在于剪力墙为典型的深梁，在变形计算中不能忽略它的剪切变形。

(二) 整体小开口剪力墙

对于开有洞口的实体墙，上、下洞口之间的墙，在结构上相当于连系梁，通过它将左右墙肢联系起来。如果连系梁的刚度较大，洞口又较小（但洞口面积大于总面积的 15%，则属于整体小开口剪力墙。整体小开口剪力墙是整体墙与联肢墙的过渡形式。由于开设洞口而使墙内力与变形比整体墙

大，连系梁仍具有较大的抗弯、抗剪刚度，而使墙肢内力与变形又比联肢墙小。从总体上看，整体小开口剪力墙的整体性较好，变形时墙肢一般不出现反弯点，故更接近于整体墙。

（三）联肢剪力墙

如果墙体洞口较大，连系梁的刚度较小，一般称为联肢墙。联肢墙可看作通过连系梁连接而成的组合式整体墙。如果洞口的宽度较小，连梁和墙肢的刚度均较大，则接近于整体小开口剪力墙；如果洞口的宽度较大，连梁和墙肢的刚度均较小，则接近于壁式框架；如果墙肢的刚度大，而连梁的刚度过小，则每个墙肢相当于用两端铰接的链杆联系起来的单肢整体墙。后者，当整个联肢墙发生弯曲变形时，可能在连系梁中部出现反弯点（反弯点处只有剪力和轴力），此时，每个墙肢相当于同时承受外荷载和反弯点处剪力和轴力的悬臂梁。

（四）壁式框架

如果墙体洞口的宽度较大，则连系梁的截面高度与墙肢的宽度相差不大（二者的线刚度大致相近），这种墙体在水平荷载作用下的工作很接近于框架。只不过是梁与柱截面高度都很大，故工程上将这种墙体称为壁式框架。它与一般框架的主要不同点在于梁柱节点刚度极大，靠近节点部分的梁与柱可以近似地认为是一个不变形的区段，即所谓“刚域”。在计算内力和变形时，梁与柱均应按变截面杆件考虑，其抗弯、抗剪刚度均须做进一步修正。

（五）框支剪力墙

框支剪力墙，标准层采用剪力墙结构，只是底层为适应大空间要求而采用框架结构（底层的竖向荷载和水平作用全部由框架的梁、柱来承受）。这种结构，在地震作用的冲击下，常因底层框架刚度太弱、侧移过大、延性较差，或因强度不足而引起破坏，甚至导致整幢建筑倒塌。近年来，这种底层为纯框架的剪力墙结构，在地震区已很少采用。

为了改善结构的受力性能，提高建筑物的抗震能力，在结构平面布置中，可将一部分剪力墙落地并贯通至基础，称为落地剪力墙；而另一部分，

底层仍为框架。

三、剪力墙的结构布置要点

剪力墙结构体系，按其体型可分为“条式”和“塔式”两种。剪力墙结构体系的结构布置可分述如下。

(一) 剪力墙的平面布置

剪力墙宜沿主轴方向（横向和纵向）或其他方向双向布置，抗震设计的剪力墙结构，应避免仅单向有墙的结构布置形式。剪力墙墙肢截面宜简单规则。

剪力墙的横向间距，常由建筑开间而定，一般设计成小开间或大开间两种布置方案。对于高层住宅或旅馆建筑（层数一般为16 ~ 30层），小开间剪力墙间距可设计成3.3 ~ 4.2m；大开间剪力墙间距可设计成6 ~ 8m。前者，开间窄小，结构自重较大，材料强度得不到充分发挥，且会导致过大的地震效应，增加基础投资；后者，不仅开间较大，可以充分发挥墙体的承载能力，经济指标也较好。

剪力墙的纵向布置，一般设置为两道、两道半、三道或四道。对于抗震设计，应避免采用不利于抗震的鱼骨式平面布置方案。

由于纵横墙连成整体，从而形成L形、T形、工形截面，以增强平面内刚度，减少剪力墙平面外弯矩或梁端弯矩对剪力墙的不利影响，有效防止发生平面外失稳破坏。由于纵墙与横墙的整体连接，考虑到在水平荷载作用下纵横墙的共同工作，因此在计算横墙受力时，应把纵墙的一部分作为翼缘考虑；而在计算纵墙受力时，则应把横墙的一部分作为翼缘考虑。

在具体设计中，墙肢端部应按构造要求设置剪力墙边缘构件。当端部有端柱时，端柱即成为边缘构件，当墙肢端部无端柱时，则应设计构造暗柱，对带有翼缘的剪力墙，边缘构件可向翼缘扩大。

(二) 剪力墙的立面布置

剪力墙的高度一般与整个房屋的高度相同，自基础直至屋顶，高达几十米或一百多米。

剪力墙的立面宜自下而上连续布置，避免刚度突变。剪力墙开设门窗洞口时，宜上下对齐，成列布置，形成明确的墙肢和连梁，使之墙肢和连梁传力直接，受力明确，不仅便于钢筋配置，方便施工，经济指标也较好。否则将会形成错洞墙或不规则洞口，这将使墙体受力复杂，洞口角边容易产生明显的应力集中，地震时容易发生震害。

(三) 单片剪力墙

单片剪力墙的长度不宜过长，每个墙肢(或独立墙段)的截面高度不宜大于8m。这是因为过长的墙肢，一方面会使墙体的延性降低，容易发生剪切破坏；另一方面会导致结构刚度迅速增大，结构自振周期过短，从而加大地震作用，对结构抗震不利。

当墙肢超过8m，宜采用弱连梁的连接方法，将剪力墙分成若干个墙段，或将整片剪力墙形成由若干墙段组成的联肢墙。

此外，剪力墙与剪力墙之间的连梁上不宜设置楼面主梁。

(四) 框支剪力墙的布置要求

剪力墙结构布置，虽适合于宾馆、住宅的标准层建筑平面，但却难以满足底部大空间、多功能房间的使用要求。这时需要在底层或底部若干层取消部分剪力墙，而改成框支剪力墙。框支剪力墙为剪力墙结构的一种特殊情况。其结构布置应满足以下要求：

1. 控制落地剪力墙的数量与间距

对于矩形平面的剪力墙结构，落地剪力墙的榴数与全部横向剪力墙的比值，非抗震设计时不宜少于30%，抗震设计时不宜少于50%。

2. 控制建筑物沿高度方向的刚度变化幅度

对于底层大空间剪力墙结构，在沿竖向布置上，最好使底层的层刚度和二层以上的层刚度，接近相等。抗震设计时，不应超过2倍；非抗震设计时，不应大于3倍。

3. 框支梁柱截面的确定

框支梁柱是底部大空间部分的重要支承构件，它主要承受垂直荷载及地震倾覆力矩，其截面尺寸要通过内力分析，从结构强度、稳定和变形等方

面确定。经试验证明，墙与框架交接部位有几个应力集中区段，在这些部位的配筋均须加强。

4. 底层楼板

底层楼板应采用现浇混凝土，其强度等级不宜低于C30，板厚不宜小于180mm，楼板的外侧边可利用纵向框架梁或底层外纵墙加强。楼板开洞位置距外侧边应尽量远一些，在框支墙部位的楼板则不宜开洞。

第二节　剪力墙结构内力及位移的近似计算

一、整体墙的近似计算

墙面门窗等的开孔面积不超过墙面面积15%，且孔间净距及孔洞至墙边的净距大于孔洞长边尺寸时，可以忽略洞口的影响，将整片墙作为悬臂墙，按材料力学的方法计算内力及位移（计算位移时，要考虑洞口对截面面积及刚度的削弱）。

等效截面面积 A_q 取无洞的截面面积 A 乘以洞口削弱系数 γ_0，则

$$\left.\begin{aligned} A_q &= \gamma_0 A \\ \gamma_0 &= 1-1.25\sqrt{A_d / A_0} \end{aligned}\right\} \tag{4-1}$$

式中：A——剪力墙截面毛面积；

A_d——剪力墙洞口总立面面积；

A_0——剪力墙立面总墙面面积。

等效惯性矩 I_q 取有洞与无洞截面惯性矩沿竖向的加权平均值：

$$I_q = \frac{\sum I_j h_j}{\sum h_j} \tag{4-2}$$

式中：I_j——剪力墙沿竖向各段的惯性矩，有洞口时扣除洞口的影响；

h_j——各段相应的高度。

计算位移时，以及后面与其他类型墙或框架协同工作计算内力时，由于截面较宽，宜考虑剪切变形的影响。

二、小开口整体墙的相关计算

小开口整体墙截面上的正应力基本上是直线分布的，产生局部弯曲应力的局部弯矩不超过总弯矩的15%。此外，在大部分楼层上，墙肢不应有反弯点。从整体来看，墙体类似于一个竖向悬臂构件，其内力和位移可近似按材料力学中组合截面的方法计算，且只须进行局部修正。

试验分析表明，第 i 墙肢在 z 高度处的总弯矩由两部分组成，一部分是产生整体弯曲的弯矩，另一部分是产生局部弯曲的弯矩，一般不超过整体弯矩的15%。故整体小开口墙中墙肢的弯矩、轴力可按下式近似计算：

$$\left.\begin{aligned} M_i &= 0.85M_p\frac{I_i}{I} + 0.15M_p\frac{I_i}{\sum I_i}(i=1,\cdots,k+1) \\ N_i &= 0.85M_p\frac{y_iA_i}{I} \end{aligned}\right\} \tag{4-3}$$

式中：M_i，N_i——各墙肢承担的弯矩、轴力；

M_p——外荷载对 x 截面产生的总弯矩；

A_i——各墙肢截面面积；

I_i——各墙肢截面惯性矩；

y_i——各墙肢截面形心到组合截面形心的距离；

I——组合截面的惯性矩。

对于墙肢剪力，底层 V_1 按墙肢截面面积分配，即

$$V_i = V_0\frac{A_1}{\sum_{i=1}^{k+1}A_i} \tag{4-4}$$

式中：V_0——底层总剪力，即全部水平荷载的总和。

其他各层墙肢剪力，可按材料力学公式计算截面的剪应力，各墙肢剪应力之合力即为墙肢剪力；或按墙肢截面面积和惯性矩比例的平均值分配剪力。这是因为，当各墙肢较窄时，剪力基本上按惯性矩的大小分配；当墙肢较宽时，剪力基本上是按截面面积的大小分配。实际的小开口整体墙各墙肢宽度相差较大，故按两者的平均值进行计算。

三、双肢墙的计算

对于双肢墙以及多肢墙，连续化方法是一种相对比较精确的手算方法，而且通过连续化方法可以清楚地了解剪力墙受力和变形的一些规律。

连续化方法将梁看作分散在整个高度上的连续连杆。该方法基于如下假定：

(1) 忽略连梁轴向变形，即假定两墙肢水平位移完全相同；

(2) 两墙肢各截面的转角和曲率都相等，因此连梁两端转角相等，连梁反弯点在中点；

(3) 各墙肢截面、各连梁截面及层高等几何尺寸沿全高是相同的。

由以上假定可见，连续化方法适用于开洞规则、由下到上墙厚及层高都不变的联肢墙。而实际工程中的剪力墙难免会有变化，如果变化不多，可取各层的平均值作为计算参数；但如果变化很不规则，则不能使用本方法。此外，层数越多，计算结果越精确，对于低层和多层剪力墙，采用本方法计算的误差较大。

第三节　剪力墙结构的延性设计

一、剪力墙延性设计的原则

(一) 概述

钢筋混凝土房屋建筑结构中，除框架结构外，其他结构体系都有剪力墙。剪力墙的优点有：刚度大，容易满足风或小震作用下层间位移角的限值及风作用下的舒适度的要求；承载能力大；合理设计的剪力墙具有良好的延性和耗能能力。

和框架结构一样，在剪力墙结构的抗震设计中，应尽量做到延性设计，保证剪力墙符合以下要求。

(1) 强墙弱梁。连梁屈服先于墙肢屈服，使塑性铰变形和耗能分散于连梁中，避免因墙肢过早屈服使塑性变形集中在某一层而形成软弱层或薄

弱层。

（2）强剪弱弯。侧向力作用下变形曲线为弯曲型和弯剪型的剪力墙，一般会在墙肢底部一定高度内屈服形成塑性铰，通过适当提高塑性铰范围及其以上相邻范围的抗剪承载力，实现墙肢强剪弱弯，避免墙肢剪切破坏。对于连梁，与框架梁相同，通过剪力增大系数调整剪力设计值，实现强剪弱弯。

（3）强锚固。墙肢和连梁的连接等部位仍然应满足强锚固的要求，以防止在地震作用下，节点部位的破坏。

（4）同时还应在结构布置、抗震构造中满足相关要求，以达到延性设计的目的。

（二）悬臂剪力墙的破坏形态和设计要求

悬臂剪力墙是剪力墙中的基本形式，是只有一个墙肢的构件，其设计方法也是其他各类剪力墙设计的基础。因此，可通过对悬臂剪力墙延性设计的研究，得出剪力墙结构延性设计的原则。

悬臂剪力墙可能出现弯曲、剪切和滑移（剪切滑移或施工缝滑移）等多种破坏形态。

在正常使用及风荷载作用下，剪力墙应当处于弹性工作阶段，不会出现裂缝或仅有微小裂缝。因此，抗风设计的基本方法是：按弹性方法计算内力及位移，限制结构位移并按极限状态方法计算截面配筋，满足各种构造要求。

在地震作用下，先以小震作用按弹性方法计算内力及位移，进行截面设计。在中等地震作用下，剪力墙将进入塑性阶段，剪力墙应当具有延性和耗散地震能量的能力。因此，应当按照抗震等级进行剪力墙构造和截面验算，满足延性剪力墙的要求，以实现中震可修、大震不倒的设防目标。

悬臂剪力墙是静定结构，只要有一个截面达到极限承载力，构件就丧失承载能力。在水平荷载作用下，剪力墙的弯矩和剪力都在基底部位最大。因而，基底截面是设计的控制截面。沿高度方向，在剪力墙断面尺寸改变或配筋变化的地方，也是控制截面，均应进行正截面抗弯和斜截面抗剪承载力计算。

(三) 开洞剪力墙的破坏形态和设计要求

开洞剪力墙，或称联肢剪力墙，简称联肢墙，是指由连梁和墙肢构件组成的开有较大规则洞口的剪力墙。

开洞剪力墙在水平荷载作用下的破坏形态与开洞大小、连梁与墙肢的刚度及承载力等有很大的关系。

当连梁的刚度及抗弯承载力远小于墙肢的刚度和抗弯承载力，且连梁具有足够的延性时，则塑性铰在连梁端部出现，待墙肢底部出现塑性铰后，才能形成连梁端出现塑性铰的结构。数量众多的连梁端部塑性铰在形成过程中既能吸收地震能量，又能继续传递弯矩与剪力，对墙肢形成的约束弯矩使剪力墙保持足够的刚度与承载力，墙肢底部的塑性铰亦具有延性。这样的开洞剪力墙延性最好。

当连梁的刚度及承载力很大时，连梁不会屈服，这时开洞墙与整体悬臂墙类似，要靠底层出现塑性铰，然后才破坏。只要墙肢不过早剪坏，则这种破坏仍然属于有延性的弯曲破坏，但是与连梁端出现塑性铰结构相比，耗能集中在底层少数几个铰上。这样的破坏远不如前面的多铰机构的抗震性能。

当连梁的抗剪承载力很小，首先受到剪切破坏时，会使墙肢失去约束而形成单独墙肢。与连梁不破坏的墙相比，墙肢中轴力减小，弯矩增大，墙的侧向刚度大大降低，但是，如果能保持墙肢处于良好的工作状态，那么结构仍可承载，直到墙肢截面屈服才会形成机构。只要墙肢塑性铰具有延性，这种破坏也是属于延性的弯曲破坏。

墙肢剪坏是一种脆性破坏，因而没有延性或延性很小，值得引起注意的是由于连梁过强而引起的墙肢破坏。当连梁刚度和屈服弯矩较大时，水平荷载作用下的墙肢内的轴力很大，造成两个墙肢轴力相差悬殊，在受拉墙肢出现水平裂缝或屈服后，塑性内力重分配使受压墙肢承担大部分剪力。如果设计时未充分考虑这一因素，将会使该墙肢过早剪坏，延性降低。

从上面的破坏形态分析可知，按照“强墙弱梁”原则设计开洞剪力墙，并按照“强剪弱弯”要求设计墙肢及连梁构件，可以得到较为理想的延性剪力墙结构，它比悬臂剪力墙更为合理。如果连梁较强而形成整体墙，则要注

意与悬臂墙相类似的塑性铰区的加强设计。如果连梁跨高比较大而可能出现剪切破坏，则要按照抗震结构“多道设防”的原则，即考虑连梁破坏后，退出工作，按照几个独立墙肢单独抵抗地震作用的情况设计墙肢。

开洞剪力墙在风荷载及小震作用下，按照弹性计算内力进行荷载组合后，再进行连梁及墙肢的截面配筋计算。

应当注意，沿房屋高度方向，内力最大的连梁不在底层。应选择内力最大的连梁进行截面和配筋计算或沿高度方向分成几段，选择每段中内力最大的梁进行截面和配筋计算。沿高度方向，墙肢截面、配筋也可以改变，由底层向上逐渐减小，分成几段分别进行截面、配筋计算。开洞剪力墙的截面尺寸、混凝土等级、正截面抗弯计算，以及斜截面抗剪计算和配筋构造要求等都与悬臂墙相同。

(四) 剪力墙结构平面布置

剪力墙结构中，剪力墙宜沿主轴方向或其他方向双向布置；一般情况下，采用矩形、L形、T形平面时，剪力墙沿纵、横两个方向布置；当平面为三角形、Y形时，剪力墙可沿三个方向布置；当平面为多边形、圆形和弧形平面时，则可沿环向和径向布置。剪力墙应尽量布置得规则、拉通、对直。

抗震设计的剪力墙结构，应避免仅单向有墙的结构布置形式。剪力墙墙肢截面宜简单、规则。剪力墙结构的侧向刚度不宜过大，否则将使结构周期过短，地震作用大，很不经济。另外，长度过大的剪力墙，易形成中高墙或矮墙，由受剪承载力控制破坏形态，延性变形能力减弱，不利于抗震。

剪力墙的门窗洞口宜上下对齐、成列布置，形成明确的墙肢和连梁，宜避免使墙肢刚度相差悬殊的洞口设置。抗震设计时，一、二、三级抗震等级剪力墙的底部和加强部位不宜采用错洞墙；一、二、三级抗震等级的剪力墙均不宜采用叠合错洞墙。

同一轴线上的连续剪力墙过长时，可用细弱的连梁将长墙分成若干个墙段，每一个墙段相当于一片独立剪力墙，墙段的高宽比不应小于2。每一墙肢的宽度不宜大于8m，以保证墙肢也是受弯承载力控制，而且靠近中和轴的竖向分布钢筋在破坏时能充分发挥强度。

剪力墙结构中，如果剪力墙的数量太多，会使结构的刚度和重量都很大，不仅材料用量增加而且地震力也增大，使上部结构和基础设计都变得困难。一般来说，采用大开间剪力墙（间距6.0～7.2m）比小开间剪力墙（间距3～3.9m）的效果更好。以高层住宅为例，小开间剪力墙的墙截面面积一般占楼面面积的8%～10%，而大开间剪力墙可降至6%～7%，可有效降低材料用量，且建筑使用面积增大。

可通过结构基本自振周期来判断剪力墙结构合理刚度，宜使剪力墙结构的基本自振周期控制在0.05～0.06*N*（*N*为层数）。

当周期过短、地震力过大时，宜加以调整。调整剪力墙结构刚度的方法有：

（1）适当减小剪力墙的厚度。

（2）降低连梁的高度。

（3）增大门窗洞口宽度。

（4）对较长的墙肢设置施工洞，分为两个墙肢。墙肢长度超过8m时，一般应由施工洞口划分为小墙肢。墙肢由施工洞分开后，如果建筑上不需要，可用砖墙填充。

（五）剪力墙结构竖向布置

普通剪力墙结构的剪力墙应在整个建筑竖向连续，上应到顶，下要到底，中间楼层不要中断。剪力墙不连续会使结构刚度突变，对抗震非常不利。当顶层取消部分剪力墙而设置大房间时，其余的剪力墙应在构造上予以加强；当底层取消部分剪力墙时，应设置转换楼层，并按专门规定进行结构设计。

为避免刚度突变，剪力墙的厚度应逐渐改变，每次厚度减小50～100mm为宜，以使剪力墙刚度均匀连续改变。同时，厚度改变和混凝土强度等级改变宜按楼层错开。

为减小上、下剪力墙结构的偏心，一般情况下，剪力墙厚度宜两侧同时内收。为保持外墙面平整，可只在内侧单面内收；电梯井因安装要求，可只在外侧单面内收。

剪力墙相邻洞口之间以及洞口与墙边缘之间要避免小墙肢。试验结果

表明，墙肢宽度与厚度之比小于3的小墙肢在反复荷载作用下，比大墙肢开裂早、破坏早，即使加强配筋，也难以防止小墙肢的早期破坏。在设计剪力墙时，墙肢宽度不宜小于3倍墙厚，且不应小于500mm。

二、墙肢设计

(一) 内力设计值

非抗震和抗震设计的剪力墙应分别按无地震作用和有地震作用进行荷载效应组合，取控制截面的最不利组合内力或对其调整后的内力 (统称为内力设计值) 进行配筋设计。墙肢的控制截面一般取墙底截面以及改变墙厚、改变混凝土强度等级、改变配筋量的截面。

1. 弯矩设计值

一级抗震墙的底部加强部位以上部位，墙肢的组合弯矩设计值应乘以增大系数，其值可采用1.2，剪力做相应的调整。

双肢抗震墙中，墙肢不宜出现小偏心受拉，因为此时混凝土开裂贯通整个截面高度，可通过调整剪力墙的长度或连梁的尺寸避免出现小偏心受拉的墙肢。剪力墙很长时，边墙肢拉 (压) 力很大，可人为加大洞口或人为开洞口，减小连梁高度而形成对墙肢约束弯矩很小的连梁，地震时，该连梁两端比较容易屈服形成塑性铰，从而将长墙分成长度较小的墙。在工程中，一般宜使墙的长度不超过8m。此外，减小连梁高度也可以减小墙肢轴力。

当任一墙肢为大偏心受拉时，另一墙肢的剪力设计值、弯矩设计值应乘以增大系数1.25。因为当一个墙肢出现水平裂缝时，刚度降低，由于内力重分布而剪力向无裂缝的另一个墙肢转移，使另一个墙肢内力增大。

部分框支剪力墙结构的落地抗震墙墙肢不应出现小偏心受拉。

2. 剪力设计值

为实现“强剪弱剪”的延性设计，一、二、三级的抗震墙底部加强部位，其截面组合的剪力设计值应按下式调整：

$$V = \eta_{vw} V_w \tag{4-5}$$

9度的一级抗震墙可不按上式调整，但应符合下式要求：

$$V=1.1\frac{M_{wua}}{M_W}V_W \tag{4-6}$$

式中：V——抗震墙底部加强部位截面组合的剪力设计值；

V_w——抗震墙底部加强部位截面组合的剪力计算值；

M_{wua}——抗震墙底部截面按实配纵向钢筋面积、材料强度标准值和轴力等计算的抗震受弯承载力所对应的弯矩值（有翼墙时，应计入墙两侧各一倍翼墙厚度范围内的纵向钢筋）；

M_w——墙肢底部截面最不利组合的弯矩计算值；

η_{vw}——抗震墙剪力增大系数，一级可取 1.6，二级可取 1.4，三级可取 1.2。

（二）正截面抗弯承载力计算

剪力墙属于偏心受压或偏心受拉构件。它的特点是：截面呈片状；墙板内配有均匀的竖向分布钢筋。通过试验可见，这些分布钢筋都能参与受力，对抵抗弯矩有一定作用，计算中应加以考虑。但是，由于竖向分布钢筋都比较细（多数在 φ12 以下），容易产生压屈现象，所以计算时忽略受压区分布钢筋作用，可使设计偏于安全。如有可靠措施防止分布筋压屈，也可在计算中计入其受压作用。

和柱一样，墙肢也可根据破坏形态不同分为大偏压、小偏压、大偏拉和小偏拉等四种情况。根据平截面假定及极限状态下截面应力分布假定，并进行简化后得到截面计算公式。

1. 大偏心受压承载力

此时，在极限状态下，当墙肢截面相对受压区高度不大于其相对界限受压区高度时，为大偏心受压破坏。

采用以下假定建立墙肢截面大偏心受压承载力计算公式：

（1）截面变形符合平截面假定。

（2）不考虑受拉混凝土的作用。

（3）受压区混凝土的应力图用等效矩形应力图替换，应力达到 $\alpha_1 f_c$（f_c 为混凝土轴心抗压强度，α 为与混凝土等级有关的等效矩形应力图系数）。

（4）墙肢端部的纵向受拉、受压钢筋屈服。

（5）从受压区边缘算起，1.5x（为等效矩形应力图受压区高度）范围以外的受拉竖向分布钢筋全部屈服并参与受力计算；1.5x范围以内的竖向分布钢筋未受拉屈服或未受压，不参与受力计算。

2. 小偏心受压承载力计算

在小偏心受压时，截面全部受压或大部分受压，受拉部分的钢筋未达到屈服应力，因此所有分布钢筋都不计入抗弯，这时，剪力墙截面的抗弯承载力计算和柱子相同。

（三）斜截面抗剪承载力计算

剪力墙受剪产生的斜裂缝有两种情况：一是由弯曲受拉边缘先出现水平裂缝，然后向倾斜方向发展成为斜裂缝；另一种是因腹板中部主拉应力过大，产生斜向裂缝，然后向两边缘发展。

1. 墙肢的斜截面剪切破坏形态

墙肢的斜截面剪切破坏一般有三种形态：

（1）剪拉破坏。剪跨比较大、无横向钢筋或横向钢筋很少的墙肢，可能发生剪拉破坏。斜裂缝出现后即形成一条主要的斜裂缝，并延伸至受压区边缘，使墙肢劈裂为两部分而破坏。竖向钢筋锚固不好时，也会发生类似的破坏。剪拉破坏属于脆性破坏，应当避免。避免这类破坏的主要措施是配置必需的横向钢筋。

（2）斜压破坏。斜裂缝将墙肢分割为许多斜的受压柱体，混凝土被压碎而破坏。斜压破坏发生在截面尺寸小、剪压比过大的墙肢。为防止斜压破坏，应加大墙肢截面尺寸或提高混凝土等级，以限制截面的剪压比。

（3）剪压破坏。这是最常见的墙肢剪切破坏形态。实体墙在竖向力和水平力共同作用下，首先出现水平裂缝或细的倾斜裂缝。水平力增大，出现一条主要斜裂缝，并延伸扩展，混凝土受压区减小，最后斜裂缝尽端的受压区混凝土在剪应力和压应力共同作用下破坏，横向钢筋屈服。

2. 轴力的影响

墙肢斜截面受剪承载力计算公式主要是建立在剪压破坏的基础上。受剪承载力由两部分组成：横向钢筋的受剪承载力和混凝土的受剪承载力。作用在墙肢上的轴向压力使截面的受压区增大，结构受剪承载力提高；轴向拉力则对抗剪不利，使结构受剪承载力降低。计算墙肢斜截面受剪承载力时，应计入轴力的有利或不利影响。

（1）偏心受压斜截面受剪承载力。在轴压力和水平力共同作用下，剪跨比不大于1.5的墙肢以剪切变形为主，首先在腹部出现斜裂缝，形成腹剪斜裂缝，裂缝部分的混凝土即退出工作。取混凝土出现腹剪斜裂缝时的剪力作为混凝土部分的受剪承载力，是偏于安全的。剪跨比大于1.5的墙肢在轴压力和水平力共同作用下，在截面边缘出现的水平裂缝向弯矩增大方向倾斜，形成弯剪裂缝，可能导致斜截面剪切破坏。将出现弯剪裂缝时混凝土所承担的剪力作为混凝土受剪承载力是偏于安全的，即只考虑剪力墙腹板部分混凝土的抗剪作用。

试验结果表明，斜裂缝出现后，穿过斜裂缝的横向钢筋拉应力突然增大，说明横向钢筋与混凝土共同抗剪。

在地震的反复作用下，抗剪承载力降低。

（2）偏心受拉斜截面受剪承载力计算。大偏心受拉时，墙肢截面还有部分受压区，混凝土仍可以抗剪，但轴向拉力对抗剪不利。

（四）水平施工缝的抗滑移验算

由于施工工艺要求，在各层楼板标高处都存在施工缝，施工缝可能形成薄弱部位，出现剪切滑移。抗震等级为一级的剪力墙，应防止水平施工缝处发生滑移。考虑了摩擦力有利影响后，要验算通过水平施工缝的竖向钢筋是否足以抵抗水平剪力。

（五）墙肢构造要求

1. 最小截面尺寸

墙肢的截面尺寸应满足承载力要求，同时还应满足最小墙厚的要求和剪压比限值的要求。

墙肢截面的剪压比超过一定值时，将过早出现斜裂缝，即使增加横向钢筋也不能提高其受剪承载力，且很可能在横向钢筋未屈服时，墙肢混凝土发生斜压破坏。为了避免出现这种破坏，应限制墙肢截面的平均剪应力与混凝土轴心抗压强度之比，即限制剪压比。

2. 分布钢筋

剪力墙内竖向和水平分布钢筋有单排配筋及多排配筋两种形式。

单排筋施工方便，因为在同样含钢率的情况下，钢筋直径较粗。但当墙厚较大时，表面容易出现温度收缩裂缝；此外，在山墙及楼电梯间墙上，仅一侧有楼板，竖向力产生平面外偏心受压，在水平力作用下，垂直于力作用方向的剪力墙也会产生平面外弯矩。因此，在高层剪力墙中，不允许采用单排配筋。当抗震墙厚度大于140mm，且不大于400mm时，其竖向和横向分布钢筋应双排布置；当抗震墙厚度大于400mm，且不大于700mm时，其竖向和横向分布钢筋宜采用三排布置；当抗震墙厚度大于700mm时，其竖向和横向分布钢筋宜采用四排布置。竖向和横向分布钢筋的间距不宜大于300mm，部分框支剪力墙结构的落地剪力墙底部加强部位，竖向和横向分布钢筋的间距不宜大于200mm。竖向和横向分布钢筋的直径均不宜大于墙厚的1/10且不应小于8mm，竖向钢筋直径不宜小于10mm。

一、二、三级抗震等级的剪力墙中，竖向和横向分布钢筋的最小配筋率均不应小于0.25%，四级抗震等级的剪力墙中分布钢筋的最小配筋率不应小于0.20%。对高度小于24m且剪压比很小的四级抗震墙，其竖向分布钢筋的最小配筋率允许采用0.15%。部分框支剪力墙结构的落地剪力墙底部加强部位，其竖向和横向分布钢筋配筋率均不应小于0.30%。

分布钢筋间拉筋的间距不宜大于600mm，直径不应小于6mm，在底部加强部位，拉筋间距适当加密。

3. 轴压比限值

随着建筑高度的增加，剪力墙墙肢的轴压力也增加。与钢筋混凝土柱相同，轴压比是影响墙肢抗震性能的主要因素之一，轴压比大于一定值后，结构的延性很小或没有延性。因此，必须限制抗震剪力墙的轴压比。一、二、三级抗震等级剪力墙在重力荷载代表值作用下，墙肢的轴压比一级应不大于0.5，二、三级应为0.6。

4. 底部加强部位

悬臂剪力墙的塑性铰通常出现在底截面。因此，剪力墙下部 h_w 高度范围内（h_w 为截面高度）是塑性铰区，称为底部加强区。规范要求，底部加强区的高度从地下室顶板算起，房屋高度大于24m时，底部加强部位的高度

可取底部两层和墙体总高度1/10中二者的较大值；房屋高度不大于24m时，底部加强部位可取底部一层（部分框支抗震墙结构的抗震墙，其底部加强部位的高度，可取框支层加框支层以上两层的高度及落地抗震墙总高度1/10中二者的较大值），当结构计算嵌固端位于地下一层底板或以下时，底板加强部位宜延伸到计算嵌固端。

5. 边缘构件

剪力墙截面两端及洞口两侧设置边缘构件是提高墙肢端部混凝土极限压应变、改善剪力墙延性的重要措施。边缘构件分为约束边缘构件和构造边缘构件两类。约束边缘构件是指用箍筋约束的暗柱（矩形截面端部）、端柱和翼墙，其箍筋较多，对混凝土的约束较强，因而混凝土有比较大的变形能力；构造边缘构件的箍筋较少，对混凝土的约束程度稍差。

三、连梁设计

剪力墙中的连梁通常跨度小而梁高较大，即跨高比较小。住宅、旅馆剪力墙结构中连梁的跨高比常常小于2.0，甚至不大于1.0，在侧向力作用下，连梁与墙肢相互作用产生的约束弯矩与剪力较大，且约束弯矩和剪力在梁两端方向相反，这种反弯作用使梁产生很大的剪切变形，容易出现斜裂缝而导致剪切破坏。

按照延性剪力墙强墙弱梁的要求，连梁屈服应先于墙肢屈服，即连梁首先形成塑性铰耗散地震能量；此外，连梁还应当强剪弱弯，避免剪切破坏。一般剪力墙中，可采用降低连梁弯矩设计值的方法，按降低后的弯矩进行配筋，可使连梁先于墙肢屈服和实现弯曲屈服。由于连梁跨高比小，很难避免斜裂缝及剪切破坏，必须采取限制连梁名义剪应力等措施推迟连梁的剪切破坏。对于延性要求高的核心筒连梁和框筒裙梁，可采用配置交叉斜筋、集中对角斜筋或对角暗撑等措施，改善连梁的受力性能。

（一）连梁内力设计值

1. 弯矩设计值

为了使连梁弯曲屈服，应降低连梁的弯矩设计值，方法是弯矩调幅。调幅的方法主要有：

（1）在小震作用下的内力和位移计算中，通过折减连梁刚度，使连梁的弯矩、剪力值减小。计算抗震墙地震内力时，折减系数不宜小于0.5。应当注意，折减系数不能过小，以保证连梁有足够的承受竖向荷载的能力。

（2）按连梁弹性刚度计算内力和位移，将弯矩组合值乘以折减系数。一般是将中部弯矩最大的一些连梁的弯矩调小（抗震设防烈度为6、7度时，折减系数不小于0.8；8、9度时，不小于0.5），其余部位的连梁和墙肢弯矩设计值则应相应地提高，以维持静力平衡。

实际工程设计中常采用第一种方法，因其与一般的弹性计算方法并无区别，且可自动调整（增大）墙肢内力，比较简便。

无论哪一种方法，调整后的连梁弯矩比弹性时降低得越多，它就越早出现塑性铰，塑性铰转动也会越大，对连梁的延性要求也就越高。所以应当限制连梁的调幅值，同时应使这些连梁能抵抗正常使用荷载和风荷载作用下的内力，也不宜低于比设防烈度低一度的地震作用组合所得的弯矩、剪力设计值。

2. 剪力设计值

四级抗震设计的剪力墙的连梁，应分别取考虑水平风荷载、水平地震作用组合的剪力设计值。

（二）连梁构造要求

1. 配筋

跨高比不大于1.5的连梁，非抗震设计时，其纵向钢筋的最小配筋率可取为0.2%；跨高比大于1.5的连梁，其纵向钢筋的最小配筋率可按框架梁的要求采用。

非抗震设计时，剪力墙连梁顶面及底面单侧纵向钢筋的最大配筋率不宜大于2.5%。

连梁顶面、底面纵向水平钢筋伸入墙肢的长度，抗震设计时不应小于l_{aE}（纵向受拉钢筋抗震锚固长度）；非抗震设计时不应小于l_a（受拉钢筋锚固长度），且均不应小于600mm。抗震设计时，沿连梁全长箍筋的构造应符合框架梁梁端箍筋加密区的箍筋构造要求；非抗震设计时，沿连梁全长的箍筋直径不应小于6mm，间距不应大于150mm。顶层连梁纵向水平钢筋伸入墙

肢的长度范围内应配置箍筋，箍筋间距不宜大于150mm，直径应与该连梁箍筋直径相同。

连梁高度范围内的墙肢水平分布钢筋应在连梁内拉通作为连梁的腰筋。连梁截面高度大于700mm时，其两侧腰筋的直径不应小于8mm，间距不应大于200mm；跨高比不大于2.5的连梁，其两侧腰筋的总面积配筋率不应小于0.3%。

2. 交叉斜筋、集中对角斜筋或对角暗撑配筋连梁

对于一、二级抗震等级的连梁，当跨高比不大于2.5时，除普通箍筋外宜另配置斜向交叉钢筋、集中对角斜筋或对角暗撑。试验研究表明，采用斜向交叉钢筋、集中对角斜筋或对角暗撑配筋的连梁，可以有效地改善小跨高比连梁的抗剪性能，以获得较好的延性。

第五章　地基与基础工程施工

第一节　场地平整施工

一、场地平整施工工艺

(一) 工艺流程

场地平整施工工艺流程为：现场勘察→清除地面障碍物→标定整平范围→设置水准基点→设置方格网、测量标高→计算土方挖填工程量→平整土方→场地碾压→验收。

(二) 施工要点

1. 现场勘察

施工人员首先到现场进行勘察，根据总平面图及规划了解并确定现场平整场地的大概范围。

2. 设置方格网、测量标高

场地平整施工前，应根据实际地形情况，结合建筑物的使用要求，先确定场地的设计标高 (一般均在设计文件上规定)，计算施工高度及挖、填方工程量，确定挖填区土方调配，并选择土方施工机械，拟订施工方案。

场地设计标高是进行场地平整和土方量计算的依据，合理选择场地设计标高，对减少土方量、提高施工速度都有重要意义。一般选择的原则是：在符合生产工艺和运输的条件下，尽量利用地形，以减少挖方数量；场地内的挖、填方量应尽可能达到互相平衡，以降低土方运输费用；同时应考虑最高洪水位的影响等。

场地设计标高的计算常用“挖填土方量平衡法”，因其概念直观，计算简便，精度能满足工程要求，应用最为广泛。其步骤如下：

（1）划分方格网。在地形图上根据平整场地范围划分方格网；方格的边长 α 视地形复杂情况取 α=10～50m，复杂地形取小值，平坦地形取大值，一般取 α=20m。

（2）确定方格网各角点实际标高。根据地形等高线标高，用“数解法”或“图解法”求各角点实际标高。

（3）确定设计标高。按挖填方平衡确定设计标高。

3. 计算场地挖填土方量

（1）三角棱柱体的体积计算方法。计算时，先把方格网中的各个方格 顺地形等高线，划分成三角形，否则计算误差很大。

（2）断面法。断面法适用于地形起伏变化较大的地区，或地形狭长、挖填深度较大又不规则的地区，计算方法较为简单方便，但精度较低。其计算步骤如下：

① 划分横断面。根据地形图、竖向布置或现场测绘，将要计算的场地划分若干个相互平行的断面；该断面尽可能垂直于等高线或主要建筑物的边长，各断面间的间距可以不等，地形变化复杂的地段其间距宜小，一般可用10m 或 20m，在平坦地区可大些，但最大不超过100m。

② 画横断面图形。按比例绘制每个断面的自然地面和设计地面的轮廓线。自然地面轮廓线与设计地面轮廓线之间的面积，即为挖方或填方的断面。

③ 计算断面面积。

二、设计标高的调整

场地设计标高的计算为一个理论值，实际尚须考虑：① 土的可松性；② 场地平整后排水要求的泄水坡度；③ 边坡填挖方量不等；④ 部分挖方就近弃于场外，或部分填方就近从场外取土等因素。考虑这些因素所引起的挖填土方量的变化后，适当提高或降低设计标高。

三、场地平整出现积水分析处理

（一）原因分析

场地平整过程中或平整完成后，场地范围内局部或大面积出现积水，

其原因主要有以下几个方面：

（1）场地平整填土面积较大或较深时，未分层回填压实，土的密实度很差，遇水产生不均匀下沉造成积水。

（2）场地周围排水不畅；场地未做成一定的排水坡度；存在反向排水坡等。

（3）测量错误，故场地高低不平。

（二）预防措施

场地平整出现积水的预防措施有：

（1）平整前，对整个场地的排水坡、排水沟、截水沟、下水道进行系统设计，本着先地下后地上的原则，做好排水设施，使整个场地水流畅通。

（2）平整场地的坡度应符合设计要求，如设计无要求，排水沟坡度不应小于2‰。

（3）场地平整施工前，应根据实际地形情况，结合建筑物的使用要求，先确定场地的设计标高（一般均在设计文件上规定），计算施工高度及挖、填方工程量，确定挖填区土方调配，并选择土方施工机械，拟订施工方案。场地设计标高的计算常用“挖填土方量平衡法”。

第二节　基坑排降水

一、深井井点降水

（一）施工工艺流程

井点测量定位→钻机钻孔→吊放井管→滤料填充→洗井→安装抽水系统→试抽→正常运转→拔管→封井。

（二）施工方法

1. 深井井位测量布置

（1）根据基坑的平面形状与大小、土质和地下水的流向、水位降低深度以及成孔方式进行放线。

(2) 沿工程基坑周围离边坡上缘0.5 ~ 1.5m布置，间距为10 ~ 20m，深度比基底深6 ~ 8m。

2. 钻孔及深井井管埋设

(1) 深井成孔方法可采用冲击钻孔、回转钻孔、潜水电钻钻孔或水冲法成孔，用泥浆或自成泥浆护壁。

(2) 孔口设置钢护筒或混凝土管护筒。

(3) 钻孔的孔径应较井管直径大250 ~ 350mm，深度应考虑可能沉积的高度适当加深。

(4) 井管安放前应清孔，井管安放应垂直，过滤部分应放在含水层范围内。

(5) 井管与土壁间填充大于滤网孔径的滤料。

(6) 深井内安放水泵前应清洗滤井，冲除沉渣。

(7) 安设潜水电泵，用绳吊入滤水层部位并安放平稳。

3. 井点运行

(1) 采用深井泵的深井井点，电动机座应安设平稳，应安装阻逆装置，严防电机逆转。

(2) 采用深井潜水泵时，电缆应有可靠的绝缘措施。

(3) 水泵安设完毕，电缆接好后，点动试抽，一切正常后，方可正常运转。

(4) 通电运行后，应经常检查机械部分、电动机、传动轴、电流、电压等，并观测和记录管井内水位下降深度和流量。

4. 井点拆除

(1) 地下建筑物竣工，并回填、夯实到地下水位线以上后，方可拆除井点系统。

(2) 深井使用完毕后，用起重机或三木搭借助倒链、钢丝绳扣，将井管口套紧徐徐拔出，滤水管拔出洗净后再用。

(3) 所留孔洞用砂砾填充捣实。

二、喷射井点降水

(一) 施工工艺流程

测量定位→布置井点总管→安装喷射井点管→接通总管→接通水泵或压缩机→接通井点管与排水管，并通循环水箱→启动高压水泵或空气压缩机→排除水箱余水→测量地下水位→喷射井点拆除。

(二) 施工方法

1. 井点布置

(1) 根据基坑平面形状与大小、土质和地下水的流向、降低水位深度而定。

(2) 当基坑宽度小于6m，可采用单排线型布置。

(3) 基坑面积较大时，宜采用环形布置。

(4) 井点间距一般为2～3m。井点管距坑壁不小于1.5～2m。

2. 井点管埋设

(1) 成孔方法：宜采用套管冲枪冲孔，加水及压缩空气排泥，当套管内含泥量测定小于5%时，才下井管及灌砂，再将套管拔起。

(2) 冲孔直径为400～600mm，深度应比滤管底深1m以上。

(3) 下管时，水泵应先开始运转，以便每下好一根井管，立即与总管接通（不接回水管）后及时进行单根试抽排泥，并测定真空度，待井管出水变清后为止，地面测定真空度不宜小于93.3kPa。

(4) 全部井点管沉设完毕后，再接通回水总管，全面试抽，然后让工作水循环进行正式工作。

3. 井点运行

(1) 各套进水总管均应用阀门隔开，各套回水管应分开。

(2) 开泵时压力要小于0.3MPa，然后逐步开足压力。如发现井点管周围有翻砂、冒水现象，应立即关闭井管检修。

(3) 工作水应保持清洁，试抽两天后应更换清水，此后视水质污浊程度定期更换清水，以便减轻工作水对喷嘴及水泵叶轮等的磨损。

4. 井点拆除

(1) 地下建筑物竣工并进行回填、夯实至地下水位线以上时，方可拆除井点系统。

(2) 拔出井点管可借助于倒链或杠杆式起重机。所留孔洞，下部用砂，上部1～2m用黏土填实。

三、真空井点降水

(一) 施工工艺流程

井点放线定位→安装高位水泵→凿孔安装埋设井点管→布置安装总管→井点管与总管连接→安装抽水设备→试抽与检查→正式投入降水程序。

(二) 施工方法

1. 井点管埋设

(1) 根据建设单位提供测量控制点，测量放线确定井点位置，然后在井位先挖一个小土坑，深大约500mm，以便于冲击孔时集水。埋管时灌砂，并用水沟将小坑与集水坑连接，以便于排出多余水。

(2) 用绞车将简易井架移到井点位置，将套管水枪对准井点位置，启动高压水泵，水压控制在0.4～0.8MPa，在水枪高压水射流冲击下套管开始下沉，并不断地升降套管与水枪。一般含砂的黏土，按经验，套管落距在1 000mm之内，在射水与套管冲切作用下，大约在10～15min内，井点管可下沉10m左右，若遇到较厚的纯黏土时，沉管时间要延长，此时可采取增加高压水泵的压力，以达到加速沉管的速度。冲击孔的成孔直径应达到300～350mm，保证管壁与井点管之间有一定间隙，以便于填充砂石，冲孔深度应比滤管设计安置深度低500mm以上，以防止冲击套管提升拔出时部分土塌落，并保证滤管底部存有足够的砂石。

(3) 凿孔冲击管上下移动时应保持垂直，这样才能使井点降水井壁保持垂直。若在凿孔时遇到较大的石块和砖块，会出现倾斜现象，此时成孔的直径也应尽量保持上下一致。

(4) 井孔冲击成型后，应拔出冲击管，通过单滑轮，用绳索拉起井点管

插入，井点管的上端应用木塞塞住，以防砂石或其他杂物进入，并在井点管与孔壁之间填灌砂石滤层，该砂石滤层的填充质量直接影响轻型井点降水的效果，应注意以下几点：

① 砂石必须采用粗砂，以防止堵塞滤管的网眼。

② 滤管应放置在井孔的中间，砂石滤层的厚度应在 60 ~ 100mm 之间，以提高透水性，并防止土粒渗入滤管堵塞滤管的网眼。填砂厚度要均匀，速度要快，填砂中途不得中断，以防孔壁塌土。

③ 滤砂层的填充高度，要超过滤管顶以上 1 000 ~ 1 800mm，一般应填至原地下水位线以上，以保证土层水流上下畅通。

④ 井点填砂后，井口以下 1.0 ~ 1.5m 用黏土封口压实，防止漏气而降低降水效果。

2. 冲洗井管

将中 15 ~ 30m 的胶管插入井点管底部进行注水清洗，直到流出清水为止。应逐根进行清洗，避免出现“死井”。

3. 管路安装

首先沿井点管线外侧，铺设集水毛管，并用胶垫螺栓把干管连接起来，主干管连接水箱水泵，然后拔掉井点管上端的木塞，用胶管与主管连接好，再用 10 号铅丝绑好，防止管路漏气而降低整个管路的真空度。主管路的流水坡度按坡向泵房 5‰的坡度，用砖将主干管垫好，并做好冬期降水防冻保温措施。

4. 检查管路

检查集水干管与井点管连接胶管的各个接头在试抽水时是否有漏气现象，发现这种情况应重新连接或用油腻子堵塞，重新拧紧法兰盘螺栓和胶管的铅丝，直至不漏气为止。在正式运转抽水之前必须进行试抽，以检查抽水设备运转是否正常，管路是否存在漏气现象。在水泵进水管上安装一个真空表，在水泵的出水管上安装一个压力表。为了观测降水深度，是否达到施工组织设计所要求的降水深度，在基坑中心设置一个观测井点，以便观测井点测量水位，并描绘出降水曲线。

在试抽时，应检查整个管网的真空度，应达到 550mmHg（73.33kPa），方可进行正式投入抽水。

5. 抽水。

轻型井点管网全部安装完毕后进行试抽。当抽水设备运转一切正常后，整个抽水管路无漏气现象，可以投入正常抽水作业。开机一周后将形成地下降水漏斗，并趋向稳定。土方工程可在降水10d后开挖。

(四) 应注意的问题

(1) 土方挖掘运输车道不设置井点，这并不影响整体降水效果。

(2) 在正式开工前，由电工及时办理用电手续，保证在抽水期间不停电。因为抽水应连续进行，特别是开始抽水阶段，时停时抽，井点管的滤网易阻塞，出水混浊。同时，由于中途长时间停止抽水，易造成地下水位上升，引起土方边坡塌方等事故。

(3) 轻型井点降水应经常进行检查，其出水规律应“先大后小，先混后清”。若出现异常情况，应及时进行检查。

(4) 在抽水过程中，应经常检查和调节离心泵的出水阀门，以控制流水量。当地下水位降到所要求的水位后，减少出水阀门的出水量，尽量使抽吸与排水保持均匀，达到细水长流的状态。

(5) 真空度是轻型井点降水能否顺利进行降水的主要技术指数，现场设专人观测。若抽水过程中发现真空度不足，应立即检查整个抽水系统有无漏气环节，并及时排除。

(6) 在抽水过程中，特别是开始抽水时，应检查有无井点管淤塞的死井，可通过管内水流声、管子表面是否潮湿等方法进行检查。如“死井”数量超过10%，则严重影响降水效果，应及时采取措施，采用高压水反复冲洗处理。

(7) 在打井点之前应勘测现场，采用洛阳铲凿孔，若发现场内表层有旧基础、隐性墓地应及早处理。

(8) 如黏土层较厚，沉管速度会较慢，如超过常规沉管时间时，可采取增大水泵压力，大约在1.0～1.4MPa，但不要超过1.5MPa。

(9) 主干管应按交底做好流水坡度，流向水泵方向。

(10) 如在冬期施工，应做好主干管保温措施，防止受冻。

(11) 基坑周围上部应挖好水沟，防止雨水流入基坑。

(12) 井点位置应距坑边 2 ~ 2.5m，以防止井点的设置影响到边坑土坡的稳定性。水泵抽出的水应由施工方案设置的明沟排出，离基坑越远越好，以防止地表水渗下回流，影响降水效果。

(13) 若场地黏土层较厚，将影响降水效果，因为黏土的透水性能差，上层水不易渗透下去。如遇到此情况，可采取套管和水枪在井点轴线范围之外打孔，用埋设井点管相同成孔的作业方法，井内填满粗砂，形成二至三排砂桩，使地层中上下水贯通。在抽水过程中，上层水因重力作用和抽水产生的负压，上层水系很容易漏下去，将水抽走。

四、管井降水施工

(一) 施工工艺流程

放线定位→管井布置→成孔→清孔→沉管→滤料填充→水泵安装→运转→拆除。

(二) 施工方法

1. 管井布置

采取沿基坑外围四周呈环形布置，或沿基坑 (或沟槽) 两侧或单侧呈直线形布置。井中心距基坑 (槽) 边缘的距离，当用冲击钻时为 0.5 ~ 1.5m；当用钻孔法成孔时不小于 3m。管井埋设的深度，一般为 8 ~ 15m，间距 10 ~ 15m，降水深 3 ~ 5m。

2. 管井埋设前成孔

管井埋设可采用泥浆护壁冲击钻成孔或泥浆护壁钻孔方法成孔。钻孔孔径比管外径大 200mm。钻孔底部应比滤水井管深 200mm 以上。井管下沉前应进行清洗滤井，冲除沉渣，可灌入稀泥浆用水泵抽出置换，或用空压机洗井法，将泥渣清出井外，并保持滤网的畅通，然后下管。滤水井管应置于孔中心，下端用圆木堵塞管口，井管与孔壁之间用 3 ~ 15mm 砾石填充做过滤层，地面以下 0.5m 内用黏土填充夯实。

3. 水泵的设置标高

应根据降水深度和选用水泵最大真空吸水高度而定，一般为 5 ~ 7m，当

吸程不够时，可将水泵设在基坑内。

4. 抽水

管井使用时，应经试抽水，检查出水是否正常，有无淤塞等现象，如情况异常，应检修好后方可转入正常使用。抽水过程中，应经常对抽水设备的电动机、传动机械、电流、电压等进行检查，并对井内水位下降和流量进行观测和记录。

5. 拆除管井系统

井管使用完毕，可用人字桅杆上的钢丝绳、倒链借用绞磨或卷扬机将井管徐徐拔出。滤水井管洗去泥砂后储存备用，所留孔洞用砂砾填实，上部50cm深用黏性土填充夯实。

五、明排水法

(一) 明沟与集水井排水

在基坑的一侧或四周设置排水明沟，在四角或每隔20~30m设一集水井，排水沟始终比开挖面低0.4~0.5m，集水井比排水沟低0.5~1m，在集水井内设水泵将水抽排出基坑。此种方法适用于土质情况较好、地下水量不大的基坑排水。

(二) 分层明沟排水

当基坑开挖土层由多种土层组成，中部夹有透水性强的砂类土时，为防止上层地下水冲刷基坑下部边坡，宜在基坑边坡上分层设置明沟及相应的集水井。此种方法适用于深度较大、地下水位较高、上部有透水性强的土层的基坑排水。

(三) 深层明沟排水

当地下基坑相连，土层渗水量和排水面积大，为减少大量设置排水沟的复杂性，可在基坑内的深基础或合适部位设置一条纵向的长且深的主沟，其余部位设置边沟或支沟与主沟连通，基础部位用碎石或砂子做盲沟。此种方法适用于深度大的大面积地下室、箱形基础的基坑施工排水。

第三节　基坑（槽）开挖与支护

一、基坑（槽）开挖

（一）基坑开挖程序

土方开挖应遵循“开槽支撑，先撑后挖，分层开挖，严禁超挖”的原则。基坑（槽）开挖可分为人工开挖和机械开挖两种。对于大型基坑应优先考虑选用机械化施工，以加快施工进度。开挖基坑（槽），应按规定的尺寸合理确定开挖顺序和分层开挖深度，连续施工，尽快完成。因土方开挖施工要求标高、断面准确，土体应有足够的强度和稳定性，所以在开挖过程中要随时注意检查。

基坑开挖程序一般是：测量放线→分层开挖→排降水→修坡→整平→留足预留土层等。相邻基坑开挖时，应遵循先深后浅或同时进行的施工程序。挖土应自上而下水平分段分层进行，每层0.3m左右，边挖边检查坑底宽度及坡度，不够时应及时修整，每3m左右修一次坡，至设计标高，再统一进行一次修坡清底，检查坑底宽和标高，要求坑底凹凸不超过2cm。

（二）基坑土方开挖方式

基坑开挖分两种情况：一是无支护结构基坑的放足边坡开挖；二是有支护结构基坑的开挖。

1. 无支护结构基坑的放足边坡开挖工艺

采用放足边坡开挖时，一般基坑深度较浅，挖土机可以一次开挖至设计标高，因此，在地下水水位高的地区，软土基坑采用反铲挖土机配合运土车在地面作业。如果地下水水位较低，坑底坚硬，也可以让运土车下坑，配合正铲挖土机在坑底作业。当开挖基坑深度超过4m时，若土质较好，地下水水位较低，场地允许，有条件放坡，边坡宜设置阶梯平台，分阶段、分层开挖，每级平台宽度不宜小于1.5m。

在采用放足边坡开挖时，要求基坑边坡在施工期间保持稳定。基坑边坡坡度应根据土质、基坑深度、开挖方法、留置时间、边坡荷载、排水情况

及场地大小确定。放坡开挖应有降低坑内水位和防止坑外水倒灌的措施。若土质较差且基坑施工时间较长，边坡坡面可采用钢丝网喷浆进行护坡，以保持基坑边坡稳定。

放足边坡开挖基坑内作业面大，方便挖土机械作业，施工程序简单，经济效益好，但在城市密集地区施工，条件往往不允许采用这种开挖方式。

2. 有支护结构基坑的开挖工艺

有支护结构基坑的开挖按其坑壁结构可分为直立壁无支撑开挖、直立壁内支撑开挖和直立壁土钉（或土锚杆、拉锚）开挖。有支护结构基坑开挖的顺序、方法必须与设计工况一致，并应遵循“开槽支撑，先撑后挖，分层开挖，严禁超挖”和“分层、分段、对称、限时”的原则。

（1）直立壁无支撑开挖工艺。这是一种重力式坝体结构，一般采用水泥土搅拌桩作为坝体材料，也可采用粉喷桩等复合桩体作坝体材料。重力式坝体结构既挡土又止水，给坑内创造宽敞的施工空间和可降水的施工环境。

止水重力坝的基坑深度一般为5～6m，故可采用反铲挖土机配合运土车在地面作业。由于采用止水重力坝的基坑，地下水水位一般都比较高，因此，很少使用正铲挖土机下坑挖土作业。

（2）直立壁内支撑开挖工艺。在基坑深度大，地下水水位高，周围地质和环境又不允许作拉锚和土钉、土锚杆的情况下，一般采用直立壁内支撑开挖形式。基坑采用内支撑，能有效地控制侧壁的位移，具有较高的安全性，但减小了施工机械的作业面，影响挖土机械、运土车的作业效率，增加了施工难度。

采用直立壁内支撑的基坑，深度一般较大，超过挖土机的挖掘深度，须分层开挖。在施工过程中，土方开挖和支撑施工须交叉进行。内支撑是随着土方的分层、分区开挖，形成支撑施工工作面，然后施工内支撑，结束后待内支撑达到一定强度后进行下一层（区）土方的开挖，形成下一道内支撑施工工作面，重复施工，从而逐步形成支护结构体系。因此，基坑土方开挖必须和支撑施工密切配合，根据支护结构设计的工况，先确定土方分层、分区开挖的范围，然后分层、分区开挖基坑土方。在确定基坑土方分层、分区开挖范围时，还应考虑土体的时空效应、支撑施工的时间、机械作业面的要求等。

当有较密的内支撑时或为了严格限制支护结构的位移，常采用盆式开

挖顺序，即在尽量多挖去基坑下层中心区域的土方后，架设“十”字对称式钢管支撑并施加预应力，或在挖去本层中心区域土方后，浇筑钢筋混凝土支撑，并逐个区域挖去周边土方，逐步形成对围护壁的支撑。这时使用的机械一般为反铲和抓铲挖土机。必要时，还可对挡墙内侧四周的土体进行加固，以提高内侧土体的被动土压力，满足控制挡墙变形的要求。

(3) 直立壁土钉（或土锚杆、拉锚）开挖工艺。当周围的环境和地质条件允许进行拉锚或采用土钉和土层锚杆时，应选用此方式，因为直立壁土钉开挖时，坑内的施工空间宽敞，挖土机械效率较高。在土方施工中，须进行分层、分区段开挖，穿插进行土钉（或土锚杆）施工。土方分层、分区段开挖的范围应和土钉（或土锚杆）的设置位置一致，既要满足土钉（土锚杆）施工机械的要求，同时也要满足土体稳定性的要求。

为了利用基坑中心部分土体搭设栈桥以加快土方外运，提高挖土速度，设直立壁土钉（或土锚杆、拉锚）的基坑开挖或者采用周边桁架空间支撑系统的基坑开挖有时采用岛式开挖顺序，即先挖除挡墙内四周土方，待周边支撑形成后再开挖中间岛区的土方。中间环形桁架空间支撑系统形成一定强度后即可穿插开挖中间岛区的土方，同时，钢筋混凝土支撑继续养护，缩短了挖土时间。其缺点是由于先挖挡墙内四周的土方，挡墙的受荷时间长，在软黏土中时间效应显著，有可能增大支护结构的变形量，所以应用较少。

（三）基坑土方开挖中的注意事项

（1）支护结构与挖土应紧密配合，遵循“先撑后挖、分层分段、对称、限时”的原则。挖土与坑内支撑安装要密切配合，每次开挖深度不得超过将要加支撑位置500mm，防止立柱及支撑失稳。每次挖土深度与所选用的施工机械有关。当采用分层分段开挖时，分层厚度不宜大于5m，分段的长度不宜大于25m，并应快挖快撑，时间不宜超过1～2d，以充分利用土体结构空间，减少支护结构的变形。为防止地基一侧因失去平衡而导致坑底涌土、边坡失稳、坍塌等情况，深基坑挖土时应注意采用对称分层开挖的方法。

（2）要重视打桩效应，防止桩位移和倾斜。对于先打桩、后挖土的工程，如果打桩后紧接着开挖基坑，由于开挖时地基卸土，打桩时积聚的土体应力释放，再加上挖土高差形成侧向推力，易使先打设的桩产生水平位移和

倾斜，因此，打桩后应有一段停歇时间，待土体应力释放、重新固结后再开挖，同时，挖土要分层、对称，尽量减少挖土时的压力差，保证桩位正确。对于打预制桩的工程，必须先打工程桩再施工支护结构，否则也会由于打桩挤土效应，引起支护结构位移变形。

（3）注意减少坑边地面荷载，防止开挖完的基坑暴露时间过长。基坑开挖过程中，不宜在坑边堆置弃土、材料和工具设备等，应尽量减轻地面荷载，严禁超载。基坑开挖完成后，应立即验槽，并及时浇筑混凝土垫层，封闭基坑，防止暴露时间过长。如发现基底土超挖，应用素混凝土或砂石回填夯实，不能用素土回填。若挖方后不能立即转入下道工序或雨期挖方，应在坑槽底标高上保留 15～30cm 厚的土层不挖，待下道工序开工前再挖掉。冬期挖方时，每天下班前应挖一步（30cm 左右）虚土或用草帘覆盖，以防地基土受冻。

（4）当挖土至坑槽底 50cm 左右时，应及时抄平。

（5）在基坑开挖和回填过程中应保持井点降水工作的正常进行。

（6）开挖前要编制包含周详安全技术措施的基坑开挖施工方案，以确保施工安全。

二、深基坑土方开挖

深基坑开挖一般遵循“分层开挖，先撑后挖”的原则。开挖方法主要有分层挖土、分段挖土、盆式挖土、中心岛式挖土等几种。施工中应根据基坑面积大小、开挖深度、支护结构形式、环境条件等因素选用开挖方法。

（一）分层挖土

分层挖土是将基坑按深度分为多层逐层开挖。分层厚度，软土地基应控制在 2m 以内，硬质土可控制在 5m 以内。开挖顺序可从基坑的某一边向另一边平行开挖，或从基坑两端对称开挖，或从基坑中间向两边平行对称开挖，也可交替分层开挖，具体应根据工作面和土质情况决定。

运土可采取设坡道或不设坡道两种方式。设坡道的坡度视土质、挖土深度和运输设备情况而定，一般为 1∶10～1∶8，坡道两侧要采取挡土或加固措施。不设坡道的一般设钢平台或栈桥作为运输土方通道。

(二) 分段挖土

分段挖土是将基坑分成几段或几块分别开挖。分段与分块的大小、位置和开挖顺序，根据开挖场地、工作面条件、地下室平面与深浅及施工工期而定。分块开挖即开挖一块，施工一块混凝土垫层或基础，必要时可在已封底的坑底与围护结构之间加设斜撑，以增强支护的稳定性。

(三) 盆式挖土

盆式挖土是先分层开挖基坑中间部分的土方，基坑周边一定范围内的土暂不开挖。开挖时，可视土质情况按1：1～1：1.25放坡，使之形成对四周围护结构的被动土反压力区，以增强围护结构的稳定性，待中间部分的混凝土垫层、基础或地下室结构施工完成之后，再用水平支撑或斜撑对四周围护结构进行支撑，并突击开挖周边支护结构内部分被动土区的土，每挖一层支一层水平横顶撑，直至坑底，最后浇筑该部分结构混凝土。本法对支护挡墙受力有利，时间效应小，但大量土方不能直接外运，须集中提升后装车外运。

(四) 中心岛式挖土

中心岛式挖土是先开挖基坑周边土方，在中间留土墩作为支点搭设栈桥，挖土机可利用栈桥下到基坑挖土，运土的汽车也可利用栈桥进入基坑运土，可有效加快挖土和运土的速度。土墩留土高度、边坡的坡度、挖土分层与高差应经仔细研究确定。挖土也是采用分层开挖的方式，一般先全面挖去一层，然后中间部分留置土墩，周围部分分层开挖。挖土多用反铲挖土机，如基坑深度很大，则采用向上逐级传递方式进行土方装车外运。整个土方开挖顺序应遵循“开槽支撑，先撑后挖，分层开挖，防止超挖”的原则。

深基坑在开挖过程中，随着土的挖除，下层土因逐渐卸载而有可能回弹，尤其在基坑挖至设计标高后，如搁置时间过久，回弹更为显著。如弹性隆起在基坑开挖和基础工程初期发展很快，将加大建筑物的后期沉降。因此，对深基坑开挖后的土体回弹，应有适当的估计，如在勘察阶段，土样的压缩试验中应补充卸荷弹性试验等；还可以采取结构措施，在基底设置桩基等，或事先对结构下部土质进行深层地基加固。施工中减少基坑弹性隆起的

一个有效方法是把土体中有效应力的改变降到最小，具体方法有加速建造主体结构，或逐步利用基础的重量来代替被挖去土体的重量。

三、基坑工程的设计原则与基坑安全等级

(一) 基坑支护结构的极限状态

根据中华人民共和国现行行业标准《建筑基坑支护技术规程》(JGJ 120-2012) 的规定，基坑支护结构应采用以分项系数表示的极限状态设计方法进行设计。

基坑支护结构的极限状态，可分为承载能力极限状态和正常使用极限状态两类。

1. 承载能力极限状态

(1) 支护结构构件或连接因超过材料强度而遭到破坏，或因过度变形而不适于继续承受荷载，或出现压屈、局部失稳。

(2) 支护结构及土体整体滑动。

(3) 坑底土体隆起而丧失稳定。

(4) 对支挡式结构，坑底土体丧失嵌固能力而使支护结构推移或倾覆。

(5) 对锚拉式支挡结构或土钉墙，土体丧失对锚杆或土钉的锚固能力。

(6) 重力式水泥土墙整体倾覆或滑移。

(7) 重力式水泥土墙、支挡式结构因其持力土层丧失承载能力而遭到破坏。

(8) 地下水渗流引起的土体渗透破坏。

2. 正常使用极限状态

(1) 造成基坑周边建 (构) 筑物、地下管线、道路等损坏或影响其正常使用的支护结构位移。

(2) 因地下水位下降、地下水渗流或施工因素而造成基坑周边建 (构) 筑物、地下管线、道路等损坏或影响其正常使用的土体变形。

(3) 影响主体地下结构正常施工的支护结构位移。

(4) 影响主体地下结构正常施工的地下水渗流。

（二）基坑支护结构的安全等级

根据《建筑基坑支护技术规程》(JGJ 120—2012) 的规定，基坑侧壁的安全等级分为三级，不同等级采用相对应的重要性系数 (%)，基坑侧壁的安全等级分级如表 5-1 所示。

表 5–1　基坑支护结构的安全等级

安全等级	破坏后果	重要性系数
一级	支护结构破坏、土体失稳或过大变形对基坑周边环境及地下结构施工影响很严重	1.10
二级	支护结构破坏、土体失稳或过大变形对基坑周边环境及地下结构施工影响一般	1.00
三级	支护结构破坏、土体失稳或过大变形对基坑周边环境及地下结构施工影响不严重	0.90

支护结构设计，应考虑其结构水平变形、地下水的变化对周边环境的水平与竖向变形的影响。对于安全等级为一级的和对周边环境变形有限定要求的二级建筑基坑侧壁，应根据周边环境的重要性，对变形适应能力和土的性质等因素，确定支护结构的水平变形限值。

当地下水位较高时，应根据基坑及周边区域的工程地质条件、水文地质条件、周边环境情况和支护结构形式等因素，确定地下水的控制方法。当基坑周围有地表水汇流、排泄或地下水管渗漏时，应对基坑采取保护措施。

对于安全等级为一级及对支护结构变形有限定的二级建筑基坑侧壁，应对基坑周边环境及支护结构变形进行验算。

对于基坑工程分级的标准，各种规范和各地也不尽相同，各地区、各城市根据自己的特点和要求做了相应的规定，以便进行岩土勘察、支护结构设计和审查基坑工程施工方案等。

四、土中应力

（一）土层自重应力

土层自重应力是指由土体重力引起的应力。自重应力一般是从土体形

成就在土中产生，它与是否修建建筑物无关。

1. 竖向自重应力

假想天然地基为一无限大的均质同性半无限体，各土层分界面为水平面。于是，在自重力作用下只能产生竖向变形，而无侧向位移及剪切变形存在。因此，地基中任意深度处的竖向自重应力就等于单位面积上的土柱自重。

2. 水平自重应力

地基中除存在作用于水平面上的竖向自重应力外，还存在作用于竖直面上的水平向应力。

3. 不透水层的影响

在地下水位以下如果存在不透水层，如基岩或只含结合水的坚硬黏土层，由于不透水层中不存在水的浮力，作用在不透水层及层面以下的土的自重应力应等于上覆土和水的总重。

4. 地下水对自重应力的影响

处于地下水位以下的土，由于受到水的浮力作用，土的重度减轻，计算时采用土的有效重度。

地下水位的升降会引起土中自重应力的变化。当水位下降时，原水位以下自重应力增加；当水位上升时，对设有地下室的建筑或地下建筑工程地基的防潮不利。

(二) 基底压力

建筑物上部结构荷载和基础自重通过基础传递，在基础底面处施加于地基上的单位面积压力 (方向向下)，称为基底压力。同时，也存在着地基对基础的反作用力 (方向向上)，称为地基反力。两者大小相等。在计算地基土中某点的应力以及确定基础结构时，必须研究基底压力的计算方法和分布规律。

试验和理论都证明，基底压力的分布形态与基础的刚度、平面形状、尺寸、埋置深度、基础上作用荷载的大小及性质和地基土的性质等因素有关。

当基础为完全柔性时，就像放在地上的薄膜一样，在垂直荷载作用下没有抵抗弯矩变形的能力，基础随着地基一起变形。基底压力的分布与作用

在基础上的荷载分布完全一致。在中心受压时，为均匀受压。实际工程中并没有完全柔性的基础，常把土坝（堤）及用钢板做成的储油罐底板等视为柔性基础。

绝对刚性基础，本身刚度很大，在外荷载作用下，基础底面保持不变形，即基础各点的沉降是相同的，为了使基础与地基的变形保持协调一致，要重新调整刚性基础基底压力的分布。通常在中心荷载作用下，基底压力呈马鞍形分布，中间小而两边大。当基础上的荷载较大时，基础边缘因为应力很大，使土产生塑性变形，边缘应力不再增大，而使中间部分继续增大，基底压力分布呈抛物线形。当作用在基础上的荷载继续增大，接近地基的破坏荷载时，应力图形又变成中部凸出的钟形。通常把块式整体基础和素混凝土基础视为刚性基础。

一般建筑物基础介于柔性基础与绝对刚性基础之间，具有一定的抗弯刚度。作用在基础上的荷载一般不会很大，基底压力分布大多呈马鞍形。因此，精确地确定基底压力是一个相当复杂的问题，工程中通常将基底压力近似按直线分布考虑。

（三）竖向荷载作用下地基附加应力

地基中的附加应力是指由新增外加荷载在地基中引起的应力增量，它是引起地基变形与破坏的主要因素。目前，我国采用的附加应力计算方法是根据弹性理论推导的。假定地基土是各向同性、均质的线性变形体，而且在深度和水平方向上都是无限延伸的。本节首先讨论在竖向集中荷载作用下地基附加应力的计算，然后应用竖向集中力的解答，通过积分的方法得到矩形均布荷载下土中应力。

1. 竖向矩形均布荷载作用下土中附加应力

在工程实际中荷载很少以集中荷载的形式作用在地基上，一般都是通过一定尺寸的基础传递给地基的。对矩形基础，基础底面的形状和荷载分布都有规律，可利用对上述集中荷载引起的附加应力进行积分的方法，计算地基中任意点的附加应力。

2. 条形均布荷载下任意点处的附加应力

当矩形基础底面的长宽比很大，称为条形基础。砌体结构房屋的墙基

与挡土墙等，都属于条形基础。

当条形基础在基底产生的变形荷载沿长度不变时，地基应力属于平面问题，即垂直于长度方向的任一截面上的附加应力分布规律都是相同的（基础两端另行处理）。

条形均布荷载下地基中的应力分布规律。从中可以看出，条形均布荷载下地基中的附加应力具有扩散分布性；在离基底不同深度处的各个水平面上，以基底中心点下轴线处最大，随着距离中轴线越远附加应力越小；在荷载分布范围内之下沿垂线方向的任意点，深度越深附加应力越小。

五、土的抗剪强度

在外部荷载作用下，土体中的应力将发生变化。当土体中的剪应力超过土体本身的抗剪强度时，土体将产生沿着其中某一滑裂面滑动，而使土体丧失整体稳定性。所以，土体的破坏通常都是剪切破坏。

在工程建设实践中，基坑和堤坝边坡的滑动、挡土墙后填土的滑动和地基失稳等丧失稳定性的例子是很多的。为了保证土木工程建设中建（构）筑物的安全和稳定，就必须详细研究土的抗剪强度和土的极限平衡等问题。

（一）库仑定律

土的抗剪强度是指土体对外荷载所产生的剪应力的极限抵抗能力。土体发生剪切破坏时，将沿着其内部某一曲线面（滑动面）产生相对滑动，而该滑动面上的剪应力就等于土的抗剪强度。

对于无黏性土，其抗剪强度仅由粒间的摩擦力构成；对于黏性土，其抗剪强度由摩擦力和黏聚力两部分构成。摩擦力包括土粒之间的表面摩擦力和由于土粒之间的互相嵌入而产生的咬合力。因此，抗剪强度的摩擦力除与剪切面上的法向总应力有关外，还与土的原始密度、土粒的形状、表面的粗糙程度以及级配等因素有关。黏聚力主要是由于土粒间之间的胶结作用和电分子引力等因素形成的。因此，黏聚力通常与土中黏粒含量、矿物成分、含水量、土的结构等因素有关。

砂土的内摩擦角变化范围不是很大，中砂、粗砂、砾砂一般为32°~40°；粉砂、细砂一般为28°~36°。孔隙比越小，内摩擦角越大，但是，含水饱和

的粉砂、细砂很容易失去稳定性，因此对其内摩擦角的取值宜慎重，有时规定取20° 左右。砂土有时也有很小的黏聚力（在10kPa以内），这可能是由于砂土中夹有一些黏土颗粒。

黏性土的抗剪强度指标的变化范围很大，它与土的种类有关，并且与土的天然结构是否破坏、试样在法向压力下的排水固结程度及试验方法等因素有关。内摩擦角的变化范围为0°~30°；黏聚力则可从小于10kPa变化到200kPa以上。

（二）土的极限平衡条件

当土中任意点在某一方向的平面上所受的剪应力达到土体的抗剪强度时，就称该点处于极限平衡状态。

土体中某点处于极限平衡状态时的应力条件，称为极限平衡条件，也称为土体的剪切破坏条件。

当土中某点可能发生剪切破坏面的位置已经确定时，只要算出作用于该面上的剪应力和正应力，就可以用图解法，利用库仑直线直接判断出该点是否会发生剪切破坏。但是，土中某点可能发生剪切破坏面的位置一般不能预先确定。该点往往处于复杂的应力状态，无法利用库仑定律直接判断是否会发生剪切破坏。为简单计，以平面应变课题为例，现研究该点是否会产生破坏。

（三）土的抗剪强度指标的测定

土的抗剪强度指标的试验方法主要有室内剪切试验和现场剪切试验两大类。室内剪切试验常用的方法有直接剪切试验、三轴压缩试验和无侧限抗压强度试验等；现场剪切试验常用的方法主要有十字板剪切试验。

1. 直接剪切试验

直接剪切试验简称直剪试验，它是测定土体抗剪强度指标最简单的方法。直接剪切试验使用的仪器称为直接剪切仪（简称直剪仪），按施加剪力的特点分为应变控制式和应力控制式两种。前者对试样采用等速剪应变测定相应的剪应力，后者则是对试样分级施加剪应力测定相应的剪切位移。两者相比，应变控制式直剪仪具有明显的优势。以我国普遍采用的应变控制式直剪

仪为例，主要由剪力盒、垂直和水平加载系统及测量系统等部分组成。试验时，试样放在盒内上下两块透水石之间，由杠杆系统通过加压活塞和透水石对试样施加某一法向应力。然后匀速旋转手轮推动下盒，使试样在沿上下盒之间的水平面上受剪直至破坏。剪应力的大小可借助与上盒接触的量力环确定，当土样受剪破坏时，受剪面上所施加的剪应力即为土的抗剪强度。对于同一种土至少需要3～4个土样，在不同的法向应力下进行剪切试验，测出相应的抗剪强度，然后根据3或4组相应的试验数据可以点绘出库仑直线，由此求出土的抗剪强度指标。

（1）试验方法。试验和工程实践都表明，土的抗剪强度与土受力后的排水固结状况有关，因而在土工工程设计中所需要的强度指标试验方法必须与现场的施工加荷实际相结合。例如，软土地基上快速堆填路堤，由于加荷速度快，地基土体渗透性低，则这种条件下的强度和稳定问题是处于不能排水条件下的稳定分析问题，这就要求室内的试验条件能模拟实际加荷状况，即在不能排水的条件下进行剪切试验。但是直剪仪的构造无法达到任意控制土样是否排水的要求，为了在直剪试验中能考虑这类实际需要，可通过快剪、固结快剪和慢剪三种直剪试验方法，近似模拟土体在现场受剪的排水条件。

① 快剪。对试样施加竖向压力后，立即以0.8mm/min的剪切速率快速施加剪应力使试样剪切破坏。一般从加荷到剪坏只用3～5min。由于剪切速率较快，可认为渗透系数小于10^{-6}cm/s的黏性土在这样短的时间内还没来得及排水固结。

② 固结快剪。对试样施加压力后，让试样充分排水，待固结稳定后，再以0.8mm/min的剪切速率快速施加水平剪应力使试样剪切破坏。固结快剪试验同样只适用于渗透系数小于10^{-6}cm/s的黏性土。

③ 慢剪。对试样施加竖向压力后，让试样充分排水，待固结稳定后，再以0.6mm/min的剪切速率施加水平剪应力直至试样剪切破坏，从而使试样在受剪过程中一直充分排水和产生体积变形。

（2）直剪试验缺点。直剪试验具有设备简单、土样制备及试验操作方便等优点，因而至今仍被国内一般工程广泛应用。但也存在不少缺点，主要有以下几点：

① 剪切面限定在上、下盒之间的平面，而不是沿土样最薄弱的面剪切

破坏。

② 剪切过程中试样内的剪应变和剪应力分布不均匀。试样剪破时，靠近剪力盒边缘的应变最大，而试样中间部位的应变相对小得多；另外，剪切面附近的应变又大于试样顶部和底部的应变；基于同样原因，试样中的剪应力也很不均匀。

③ 在剪切过程中，土样剪切面逐渐缩小，而在计算抗剪强度时仍按土样的原截面面积计算。

④ 试验土样的固结和排水是靠加荷速度快慢来控制的，实际上无法严格控制排水，也无法测量孔隙水应力。在进行不排水剪切时，试件仍有可能排水，特别是对于饱和黏性土，由于它的抗剪强度受排水条件的影响显著，故不排水试验结果不够理想。

⑤ 试验时上、下盒之间的缝隙中易嵌入砂粒，使试验结果偏大。

2. 三轴压缩试验

(1) 三轴压缩试验的基本原理。三轴压缩试验是测定土抗剪强度的一种较为完善的方法。试验所用的仪器——三轴压缩仪，主要由主机、稳压调压系统以及量测系统三部分组成。各系统之间用管路和各种阀门开关连接。主机部分包括压力室、轴向加荷系统等。压力室是三轴仪的主要组成部分，它是一个由金属上盖、底座以及透明有机玻璃圆筒组成的密闭容器，压力室底座通常有3个小孔分别与稳压系统以及体积变形和孔隙水压力量测重点系统相连。稳压调压系统由压力泵、调压阀和压力表等组成。试验时通过压力室对试样施加周围压力，并在试验过程中根据不同的试验要求对压力予以控制或调节，如保持恒压或变化压力等。量测系统由排水管、体变管和孔隙水压力量测装置等组成。试验时分别测出试样受力后土中排出的水量变化以及土中孔隙水压力的变化。对于试样的竖向变形，则利用置于压力室上方的测微表或位移传感器测读。

常规试验方法的主要步骤如下：将土切成圆柱体套在橡胶膜内，放在密封的压力室中，然后向压力室内注入液压或气压，使试件在各向受到周围压力，并使该周围压力在整个试验过程中保持不变，此时土样周围各方向均有压应力作用，因此不产生剪应力。然后通过加压活塞杆施加竖向应力，并不断增加，此时水平向主应力保持不变，而竖向主应力逐渐增大，试件最终

受剪而破坏。根据量测系统的围压值和竖向应力增量，可得到土样破坏时的第一主应力，由此可绘出破坏时的极限莫尔应力圆，该圆应该与库仑直线相切。根据同一土体的若干土样在不同作用下得出的试验结果，可绘出不同的极限莫尔应力圆，其公切线就是土的库仑直线，由此求出土的抗剪强度指标。

(2) 三轴压缩试验方法。根据土样在周围压力作用下固结的排水条件和剪切时的排水条件，三轴试验可分为以下三种试验方法。

三轴压缩试验的优点是：

① 能够控制排水条件以及可以量测土样中孔隙水压力的变化；

② 试验中试件的应力状态也比较明确，剪切破坏时的破裂面在试件的最薄弱处，不像直接剪切仪那样限定在上下盒之间；

③ 三轴压缩仪还可用以测定土的其他力学性质，如土的弹性模量。

常规三轴压缩试验的主要缺点是：试样所受的力是轴对称的，即试样所受的三个主应力中，有两个是相等的，但在工程实际中土体的受力情况并不属于这类轴对称的情况；三轴试验的试件制备比较麻烦，土样易受扰动。

(3) 三轴试验结果的整理与表达。从以上对试验方法的讨论中可以看到，同一种土施加的总应力虽然相同，但若试验方法不同，或者说控制的排水条件不同，所得的强度指标就不同，故土的抗剪强度与总应力之间没有唯一的对应关系。有效应力原理指出，土中某点的总应力等于有效应力与孔隙水压力之和，因此，若在试验时量测土样的孔隙水压力，据此算出土中的有效应力，就可以用有效应力与抗剪强度的关系式表达试验结果。

由于抗剪强度的有效应力法考虑了孔隙水压力的影响，因此对于同一种土，不论采取哪一种试验方法，只要能够准确测量出土样破坏时的孔隙水压力，则均可用相同公式表示土的强度关系，而且所得的有效抗剪强度指标应该是相同的。换言之，在理论上抗剪强度与有效应力应有对应关系，这一点已为许多试验所证实。但限于室内试验和现场条件，不可能所有工程都采用有效应力法分析土的抗剪强度。因此，工程中也常采用总应力法，但要尽可能模拟现场土体排水条件和固结速度。

从理论上讲，试验所得极限应力圆上的破坏点都应落在公切线即强度包线上，但由于土样的不均匀性以及试验误差等原因，要作出公切线并不容

易，因此往往须结合经验来加以判断。另外，这里所作的强度包线是直线，由于土的强度特性会受某些因素如应力历史、应力水平等的影响，从而使得土的强度包线不一定是直线，因而给通过作图确定带来困难；但非线性的强度包线目前仍未发展成熟，所以一般包线还是简化为直线。

3. 无侧限抗压强度试验

无侧限抗压强度试验实际是三轴剪切试验的特殊情况，又称单轴剪切试验。试验时土样侧向压力为零，仅在轴向施加压力，由此测出试样在无侧限压力条件下，抵抗轴向压力的极限强度，称为土样的无侧限抗压强度。利用无侧限抗压强度试验可以测定饱和软黏土的不排水抗剪强度。由于周围压力不能变化，因而根据试验结果，只能作一个极限应力圆，难以得到破坏包线图。饱和黏性土的三轴不固结不排水试验结果表明，其破坏包线为一水平线。由无侧限抗压强度试验所得的极限应力圆的水平切线就是破坏包线。

无侧限抗压强度试验仪器构造简单，操作方便，用来测定饱和黏性土的不固结不排水强度与灵敏度非常方便。

4. 现场十字板剪切试验

前面介绍的三种试验方法都是室内测定土的抗剪强度的方法，这些试验方法都要求事先取得原状土样，但由于试样在采集、运送、保存和制备等过程中不可避免地受到扰动，土的含水量也难以保持天然状态，特别是对于高灵敏度的黏性土，因此，室内试验结果对土实际情况的反映就会受到不同程度的影响。原位测试时的排水条件、受力状态与土所处的天然状态比较接近。在抗剪强度的原位测试方法中，国内广泛应用的是十字板剪切试验。这种试验方法适合于在现场测定饱和黏性土的原位不排水抗剪强度，特别适用于均匀饱和软黏土。

试验时，先把套管打到要求测试的深度以上75cm，并将套管内的土清除，然后通过套管将安装在钻杆下的十字板压入土中至测试的深度。由地面上的扭力装置对钻杆施加扭矩，使埋在土中的十字板扭转，直至土体剪切破坏，破坏面为十字板旋转所形成的圆柱面。记录土体剪切破坏时所施加的扭矩。土体破坏面为圆柱面（包括侧面和上下面），作用在破坏土体圆柱面上的剪应力所产生的抵抗矩应该等于所施加的扭矩。

十字板剪切试验直接在现场进行，不必取土样，故土体所受的扰动较

小，被认为是能够比较真实地反映土体原位强度的测试方法，在软弱黏性土的工程勘察中得到了广泛应用。但如果在软土层中夹有薄层粉砂，测试结果可能失真或偏高。

六、土压力与土坡稳定

在房屋建筑、铁路桥梁以及水利工程中，地下室的外墙、重力式码头的岸壁、桥梁接岸的桥台，以及地下硐室的侧墙等都支持着侧向土体。这些用来侧向支持土体的结构物，统称为挡土墙。而被支持的土体作用于挡土墙上的侧向压力，称为土压力。土压力是设计挡土结构物断面和验算其稳定性的主要荷载。土压力的计算是个比较复杂的问题，影响因素很多。土压力的大小和分布，除了与土的性质有关外，还和墙体的位移方向、位移量土体与结构物间的相互作用以及挡土结构物的类型有关。

(一) 土压力的类型

1. 土压力的分类

作用在挡土结构上的土压力，按挡土结构的位移方向、大小及土体所处的三种平衡状态，可分为静止土压力、主动土压力和被动土压力三种。

(1) 静止土压力。挡土墙静止不动时，土体因为墙的侧限作用而处于弹性平衡状态，此时墙后土体作用在墙背上的土压力称为静止土压力。

(2) 主动土压力。挡土墙在墙后土体的推力作用下，向前移动，墙后土体随之向前移动。土体内阻止移动的强度发挥作用，使作用在墙背上的土压力减小。当墙向前移动达到主动极限平衡状态时，墙背上作用的土压力减至最小。此时作用在墙背上的最小土压力称为主动土压力。

(3) 被动土压力。挡土墙在较大的外力作用下，向后移动推向填土，则填土受墙的挤压，使作用在墙背上的土压力增大，当墙向后移动达到被动极限平衡状态时，墙背上作用的土压力增至最大。此时作用在墙背上的最大土压力称为被动土压力。

大部分情况下，作用在挡土墙上的土压力值均介于上述三种状态下的土压力值之间。

2. 影响土压力的因素

(1) 挡土墙的位移。挡土墙的位移（或转动）方向和位移的大小，是影响土压力大小的最主要因素，产生被动土压力的位移量大于产生主动土压力的位移量。

(2) 挡土墙的形状。挡土墙剖面形状，包括墙背为竖直或倾斜，墙背为光滑或粗糙，不同的情况，土压力的计算公式不同，计算结果也不一样。

(3) 填土的性质。挡土墙后填土的性质，包括填土的松密程度、重度、干湿程度等，土的强度指标内摩擦角和黏聚力的大小，以及填土的形状（水平、上斜或下斜）等，都将影响土压力的大小。

(二) 库仑土压力理论

法国的库仑（C.A. Coulomb）根据极限平衡的概念，并假定滑动面为平面，分析了滑动楔体的力系平衡，从而求算出挡土墙上的土压力，成为著名的库仑土压力理论。该理论能适用于各种填土面和不同的墙背条件，且方法简便，有足够的精度，至今仍然是一种被广泛采用的土压力理论。

库仑研究了回填砂土挡土墙的主动土压力，把处于主动土压力状态下的挡土墙离开土体的位移，看成与一块楔形土体（土楔）沿墙背和土体中某一平面（滑动面）同时发生向下滑动。土楔夹在两个滑动面之间，一个面是墙背，另一个面在土中，土楔与墙背之间有摩擦力。因为填土为砂土，故不存在黏聚力。根据土楔的静平衡条件，可以求出挡土墙对滑动土楔的支撑反力，从而可求出作用于墙背的总土压力。按照受力条件的不同，它可以是总主动土压力，也可以是总被动土压力。这种计算方法又称为滑动土楔平衡法。应该指出，应用库仑土压力理论时，要试算不同的滑动面，只有最危险滑动面对应的土压力才是土楔作用于墙背的压力。

(三) 挡土墙设计

1. 挡土墙形式的选择

(1) 挡土墙选型原则。

① 挡土墙的用途、高度与重要性。

② 建筑场地的地形与地质条件。

③ 尽量就地取材，因地制宜。

④ 安全而经济。

(2) 常用的挡土墙形式。

① 重力式挡土墙。重力式挡土墙的特点是体积大，靠墙自重保持稳定性。墙背可做成仰斜、垂面和俯斜三种，一般由块石或素混凝土材料砌筑，适用于高度小于6m，地层稳定开挖土石方时不会危及相邻建筑物安全的地段。其结构简单，施工方便，能就地取材，在建筑工程中应用最广。

② 悬臂式挡土墙。悬臂式挡土墙的特点是体积小，利用墙后基础上方的土重保持稳定性。一般由钢筋混凝土砌筑，拉应力由钢筋承受，墙高一般小于或等于8m。其优点是能充分利用钢筋混凝土的受力特点，工程量小。

③ 扶壁式挡土墙。扶壁式挡土墙的特点是为增强悬臂式挡土墙的抗弯性能，沿长度方向每隔一定长度做一扶壁。由钢筋混凝土砌筑，扶壁间填土可增强挡土墙的抗滑和抗倾覆能力，一般用于重大工程。

④ 锚定板及锚杆式挡土墙。一般由预制的钢筋混凝土立柱、墙面、钢拉杆和埋置在填土中的锚定板在现场拼装而成，依靠填土与结构相互作用力维持稳定，与重力式挡土墙相比，其结构轻、高度大、工程量小、造价低、施工方便，特别适用于地基承载力不大的地区。

⑤ 加筋式挡土墙。加筋式挡土墙由墙面板、加筋材料及填土共同组成，依靠拉筋与填土之间的摩擦力来平衡作用在墙背上的土压力以保持稳定。拉筋一般采用镀锌扁钢或土工合成材料，墙面板用预制混凝土板。墙后填土需要较大的摩擦力，此类挡土墙目前应用较广。

2. 重力式挡土墙设计

(1) 重力式挡土墙截面尺寸设计。挡土墙的截面尺寸一般按试算法确定，即先根据挡土墙所处的工程地质条件、填土性质、荷载情况以及墙身材料、施工条件等，凭经验初步拟定截面尺寸，然后进行验算。如不满足要求，可修改截面尺寸，或采取其他措施。挡土墙截面尺寸一般包括以下几项：

① 挡土墙高度。挡土墙高度一般由任务要求确定，即考虑墙后被支挡的填土呈水平时墙顶的高度。有时，对长度很大的挡土墙，也可使墙顶低于填土顶面，而用斜坡连接，以节省工程量。

② 挡土墙的顶宽和底宽。挡土墙墙顶宽度，一般块石挡土墙不应小于

400mm，混凝土挡土墙不应小于200mm。底宽由整体稳定性确定，一般为0.5 ~ 0.7倍的墙高。

（2）重力式挡土墙的计算。重力式挡土墙的计算内容包括稳定性验算、墙身强度验算和地基承载力验算。

（3）重力式挡土墙的构造。在设计重力式挡土墙时，为了保证其安全合理、经济，除进行验算外，还须采取必要的构造措施。

① 基础埋深。重力式挡土墙的基础埋深应根据地基承载力、冻结深度、岩石风化程度等因素决定，在土质地基中，基础埋深不宜小于0.5m；在软质岩石地基中，不宜小于0.3m。在特强冻胀、强冻胀地区应考虑冻胀影响。

② 墙背的倾斜形式。当采用相同的计算指标和计算方法时，挡土墙背以仰斜时主动土压力最小，直立居中，俯斜最大。墙背倾斜形式应根据使用要求、地形和施工条件等因素综合考虑确定，应优先采用仰斜墙。

③ 墙面坡度选择。当墙前地面较陡时，墙面可采用1：0.05 ~ 1：0.2仰斜坡度，亦可采用直立墙；当墙前地形较为平坦时，对中、高挡土墙，墙用直立载面。当墙前地形较为平坦时，对中、高挡土墙，墙面坡度可较缓，但不宜缓于1：0.4。

④ 基底坡度。为增加挡土墙身的抗滑稳定性，基底可做成逆坡，但逆坡坡度不宜过大，以免墙身与基底下的三角形土体一起滑动。一般土质地基不宜大于1∶10，岩石地基不宜大于1∶5。

⑤ 墙趾台阶。当墙高较大时，为了提高挡土墙的抗倾覆能力，可加设墙趾台阶，墙趾台阶的高宽比可取2∶1。

⑥ 设置伸缩缝。重力式挡土墙应每间隔10 ~ 20m设置一道伸缩缝。当地基有变化时，宜加设沉降缝。在挡土结构的拐角处，应采取加强构造措施。

⑦ 墙后排水措施。挡土墙因排水不良，雨水渗入墙后填土，使得填土的抗剪强度降低，对挡土墙的稳定性产生不利的影响。当墙后积水时，还会产生静水压力和渗流压力，使作用于挡土墙上的总压力增加，对挡土墙的稳定性更不利。因此，在挡土墙设计时，必须采取排水措施。

a. 截水沟：凡挡土墙后有较大面积的山坡，则应在填土顶面，离挡土墙适当的距离设置截水沟，把坡上径流截断排除。截水沟的剖面尺寸要根据暴

雨集水面积计算确定，并应用混凝土衬砌。截水沟出口应远离挡土墙。

b. 泄水孔：已渗入墙后填土中的水，则应迅速将其排出。通常在挡土墙处设置排水孔，排水孔应沿横竖两个方向设置，其间距一般取 2 ~ 3m，排水孔外斜坡度宜为 5%，孔眼尺寸不宜小于 100mm。泄水孔应高于墙前水位，以免倒灌。在泄水孔入口处，应用易渗的粗粒材料做滤水层，必要时做排水暗沟，并在泄水孔入口下方铺设黏土夯实层，防止积水渗入地基不利于墙体的稳定。墙前也要设置排水沟，在墙顶坡后地面宜铺设防水层。

⑧ 填土质量要求。挡土墙后填土应尽量选择透水性较强的填料，如砂、碎石、砾石等。因这类土的抗剪强度较稳定，易于排水。当采用黏性土做填料时，应掺入适量的碎石。在季节性冻土地区，应选择炉渣、碎石、粗砂等非冻结填料，不应采用淤泥、耕植土、膨胀土等作为填料。

(四) 土坡稳定分析

土坡可分为天然土坡和人工土坡，由于人工开挖和不利的自然因素，土坡可能发生整体滑动而失稳。土坡稳定性分析的目的是设计出土坡在给定条件下合理的断面尺寸或验算土坡已拟定的断面尺寸是否稳定和合理。

土坡失去稳定，发生滑动，主要是土体内抗剪强度的降低和剪应力的增加这一对矛盾相互发展和斗争的结果，抗剪强度降低的原因可能有以下几个：

(1) 由于降雨或蓄水后土的湿化、膨胀以及黏土夹层因浸水而发生润滑作用。

(2) 由于黏性土的蠕变。

(3) 由于饱和细、粉砂因受震动而液化。

(4) 由于气候的变化使土质变松等。

土中剪应力增加的原因则可能有以下几个：

① 由于在土坡上加载。

② 由于裂缝中的静水压力。

③ 由于雨期中土的含水量增加，使土的自重增加，并在土中渗流时产生动水力。

④ 由于地震等动力荷载等。

七、基坑支护方式

(一) 一般基坑的支护

深度不大的三级基坑，当放坡开挖有困难时，可采用短柱横隔板支撑和临时挡土墙支撑、斜柱支撑和锚拉支撑等支护方法。

1. 简易支护

放坡开挖的基坑，当部分地段放坡宽度不够时，可采用短柱横隔板支撑、临时挡土墙支撑等简易支护方法进行基础施工。

2. 斜柱支撑

先沿基坑边缘打设柱桩，在柱桩内侧支设挡土板并用斜撑支顶，挡土板内侧填土夯实。斜柱支撑适用于深度不大的大型基坑。

3. 锚拉支撑

先沿基坑边缘打设柱桩，在柱桩内侧支设挡土板，柱桩上端用拉杆拉紧，挡土板内侧填土夯实。锚拉支撑适于深度不大，且不能安设横（斜）撑的大型基坑使用。

(二) 深基坑支护

深基坑支护的基本要求：确保支护结构能起挡土作用，基坑边坡保持稳定；确保相邻的建（构）筑物、道路、地下管线的安全，不因土体的变形、沉陷、坍塌受到危害；通过排降水，确保基础施工在地下水位以上进行。

水泥土挡墙式，依靠其本身自重和刚度保护坑壁，一般不设支撑，特殊情况下经采取措施后亦可局部加设支撑。

排桩与板墙式，通常由围护墙、支撑（或土层锚杆）及防渗帷幕等组成。土钉墙由密集的土钉群、被加固的原位土体、喷射的混凝土面层等组成。现将常用的几种支护结构介绍如下。

1. 排桩支护

开挖前在基坑周围设置混凝土灌注桩，桩的排列有间隔式、双排式和连续式，桩顶设置混凝土连系梁或锚桩、拉杆。施工方便、安全性高、费用低。

排桩桩型应根据工程与水文地质条件及当地施工条件确定，桩径应通过计算确定。一般人工挖孔桩桩径不宜小于800mm，冲（钻）孔灌注桩桩径不宜小于600mm。直径0.6～1.1m的钻孔灌注桩可用于深7～13m的基坑支护，直径0.5～0.8m的沉管灌注桩可用于深度在10m以内的基坑支护，单层地下室常用0.8～1.2m的人工挖孔灌注桩做支护结构。

排桩中心距可根据桩受力及桩间土稳定条件确定，一般取（1.2～2.0）d（d为桩径），砂性土或黏土中宜采用较小桩距。

排桩支护的桩间土，当土质较好时，可不进行处理，否则应采用横挡板、砖墙、挂钢丝网喷射混凝土面层等措施维护桩间土的稳定。当桩间渗水时，应在护面上设泄水孔。

排桩桩顶应设置钢筋混凝土压顶梁，并宜沿基坑呈封闭结构。压顶梁工作高度（水平方向）宜与排桩桩径相同，宽度（垂直方向）宜在0.5～0.8d（d为排桩桩径），排桩主筋应伸入压顶梁30～35D（D为主筋直径），压顶梁可按构造配筋。排桩与顶梁的混凝土强度等级不宜低于C20。

在支护结构平面拐角处宜设置角撑，并可适当增加拐角处排桩间距或减少锚杆支撑数量。支锚式排桩支护结构应在支点标高处设水平腰梁，支撑或锚杆应与腰梁连接，腰梁可用钢筋混凝土或钢梁，腰梁与排桩的连接可用预埋铁件或锚筋。

2. 地下连续墙支护

利用各种挖槽机械，借助于泥浆的护壁作用，在地下挖出窄而深的沟槽，并在其内浇筑适当的材料而形成一道具有防渗（水）、挡土和承重功能的连续的地下墙体。

地下连续墙的墙体厚度宜按成槽机的规格，选取600mm，800mm、1000mm或1200mm。一字形槽段长度宜取4～6m。当成槽施工可能对周边环境产生不利影响或槽壁稳定性较差时，应取较小的槽段长度。必要时，宜采用搅拌桩对槽壁进行加固。

地下连续墙的转角处若有特殊要求时，单元槽段的平面形状可采用L形、T形等。地下连续墙的混凝土设计强度等级宜取C30～C40。地下连续墙用于截水时，墙体混凝土抗渗等级不宜小于P6，槽段接头应满足截水要求。

地下连续墙的纵向受力钢筋应沿墙身每侧均匀配置，可按内力大小沿墙体纵向分段配置，且通长配置的纵向钢筋不应小于50%；纵向受力钢筋宜采用HRB335级或HRB400级钢筋，直径不宜小于15mm，净间距不宜小于75mm。水平钢筋及构造钢筋宜选用HPB300级、HRB335级或HRB400级钢筋，直径不宜小于12mm，水平钢筋间距宜取200~400mm。冠梁按构造设置时，纵向钢筋锚入冠梁的长度宜取冠梁厚度。冠梁按结构受力构件设置时，桩身纵向受力钢筋伸入冠梁的锚固长度应符合现行国家标准《混凝土结构设计规范（2015年版）》（GB 50010—2010）对钢筋锚固的有关规定。当不能满足锚固长度的要求时，其钢筋末端可采取机械锚固措施。

地下连续墙纵向受力钢筋的保护层厚度，在基坑内侧不宜小于50mm，在基坑外侧不宜小于70mm。

钢筋笼两侧的端部与槽段接头之间、钢筋笼两侧的端部与相邻墙段混凝土接头面之间的间隙应不大于150mm，纵筋下端500mm长度范围内宜按1：10的斜度向内收口。

地下连续墙的槽段接头应按下列原则选用：地下连续墙宜采用圆形锁口管接头、波纹管接头、楔形接头、工字钢接头或混凝土预制接头等柔性接头；当地下连续墙作为主体地下结构外墙，且需要形成整体墙体时，宜采用刚性接头；刚性接头可采用一字形或十字形穿孔钢板接头、钢筋承插式接头等；在采取地下连续墙顶设置通长的冠梁、墙壁内侧槽段接缝位置设置结构壁柱、基础底板与地下连续墙刚性连接等措施时，也可采用柔性接头。

地下连续墙墙顶应设置混凝土冠梁。冠梁宽度不宜小于墙厚，高度不宜小于墙厚的0.6倍。冠梁钢筋应符合现行国家标准《混凝土结构设计规范》（GB 50010—2010）对梁的构造配筋要求。冠梁用作支撑或锚杆的传力构件或按空间结构设计时，还应按受力构件进行截面设计。

3. 土钉墙支护

天然土体通过钻孔、插筋、注浆来设置土钉（亦称砂浆锚杆）并与喷射混凝土面板相结合，形成类似重力挡墙的土钉墙，以抵抗墙后的土压力，保持开挖面的稳定。土钉墙也称为喷锚网加固边坡或喷锚网挡墙。

土钉墙支护施工工艺：

（1）基坑开挖。基坑要按设计要求严格分层、分段开挖，在完成上一层

作业面土钉与喷射混凝土面层达到设计强度的70%以前，不得进行下一层土层的开挖。每层开挖最大深度取决于在支护投入工作前土壁可以自稳而不发生滑动破坏的能力，实际工程中常取基坑每层挖深与土钉竖向间距相等。每层开挖的水平分段宽度也取决于土壁自稳能力，且与支护施工流程相互衔接，一般多为10～20m长。当基坑面积较大时，允许在距离基坑四周边坡8～10m的基坑中部自由开挖，但应注意与分层作业区的开挖相协调。

挖方要选用对坡面土体扰动小的挖土设备和方法，严禁边壁出现超挖或造成边壁土体松动。坡面经机械开挖后，要采用小型机械或铲锹进行切削清坡，以使坡度及坡面平整度达到设计要求。

为防止基坑边坡的裸露土体塌陷，对于易塌的土体可采取下列措施：

① 对修整后的边坡，立即喷上一层薄的砂浆或混凝土，凝结后再进行钻孔。

② 在作业面上先构筑钢筋网喷射混凝土面层，然后进行钻孔和设置土钉。

③ 在水平方向上分小段间隔开挖。

④ 先将作业深度上的边壁做成斜坡，待钻孔并设置土钉后再清坡。

⑤ 在开挖前，沿开挖面垂直击入钢筋或钢管，或注浆加固土体。

(2) 喷射第一道面层。每步开挖后应尽快做好面层，即对修整后的边壁立即喷上一层薄混凝土或砂浆。若土层地质条件好，可省去该道面层。

(3) 设置土钉。虽然可以采用专门设备将土钉钢筋击入土体，但是通常的做法是先在土体中成孔，然后置入土钉钢筋并沿全长注浆。

① 钻孔。钻孔前，应根据设计要求定出孔位并做出标记及编号。当成孔过程中遇到障碍物须调整孔位时，不得损害支护结构设计原定的安全程度。

采用的机具应符合土层特点，满足设计要求，在进钻和抽出钻杆过程中不得引起土体坍孔，而在易坍孔的土体中钻孔时宜采用套管成孔或挤压成孔。成孔过程中应由专人做成孔记录，按土钉编号逐一记载取出土体的特征、成孔质量、事故处理等，并将取出的土体及时与初步设计所认定的土质加以对比，若发现有较大的偏差，要及时修改土钉的设计参数。

土钉钻孔的质量应符合下列规定：孔距允许偏差为 ±100mm；孔径允

许偏差为 ± 5 mm；孔深允许偏差为 ± 30mm；倾角允许偏差为 ± 1。

② 插入土钉钢筋。插入土钉钢筋前要进行清孔检查，若孔中出现局部渗水、坍孔或掉落松土应立即处理。土钉钢筋置入孔中前，要先在钢筋上安装对中定位支架，以保证钢筋处于孔位中心且注浆后其保护层厚度不小于25mm。支架沿钉长的间距可为 2 ~ 3m，支架可为金属或塑料件，以不妨碍浆体自由流动为宜。

③ 注浆。注浆前要验收土钉钢筋安设质量是否达到设计要求。

一般可采用重力、低压（0.4 ~ 0.6MPa）或高压（1 ~ 2MPa）注浆，水平孔应采用低压或高压注浆。压力注浆时应在孔口或规定位置设置止浆塞，注满后保持压力 3 ~ 5min。重力注浆以满孔为止，但在浆体初凝前须补浆 1 或 2 次。

对于向下倾角的土钉，注浆采用重力或低压注浆时宜采用底部注浆方式，注浆导管底端应插至距孔底 250 ~ 500mm 处，在注浆的同时将导管匀速、缓慢地撤出。注浆过程中注浆导管口始终埋在浆体表面以下，以保证孔中气体能全部逸出。

注浆时要采取必要的排气措施。对于水平土钉的钻孔，应用口部压力注浆或分段压力注浆，此时须配排气管并与土钉钢筋绑扎牢固，在注浆前与土钉钢筋同时送入孔中。

向孔内注入浆体的充盈系数必须大于 1。每次向孔内注浆时，宜预先计算所需的浆体体积并根据注浆泵的冲程数计算出实际向孔内注入的浆体体积，以确认实际注浆量超过孔内容积。

注浆材料宜用水泥浆或水泥砂浆。水泥浆的水胶比宜为 0.5；水泥砂浆的配合比宜为（1 : 1）~（1 : 2）（质量比），水胶比宜为 0.38 ~ 0.45。需要时可加入适量速凝剂，以促进早凝和控制泌水。

水泥浆、水泥砂浆应拌和均匀，随拌随用，一次拌和的水泥浆、水泥砂浆应在初凝前用完。

注浆前应将孔内残留或松动的杂土清除干净。注浆开始或中途停止超过 30min 时，应用水或稀水泥浆润滑注浆泵及其管路。

用于注浆的砂浆强度用 70mm × 70mm × 70mm 立方体试块经标准养护后测定。每批至少留取 3 组（每组 3 块）试件，给出 3d 和 28d 强度。

为提高土钉抗拔能力，还可采用二次注浆工艺。

（4）喷第二道面层。在喷混凝土前，先按设计要求绑扎、固定钢筋网。面层内的钢筋网片应牢固地固定在边壁上并符合设计规定的保护层厚度要求。钢筋网片可用插入土中的钢筋固定，但在喷射混凝土时不应出现振动。

钢筋网片可焊接或绑扎而成，网格允许偏差为±10mm。铺设钢筋网时每边的搭接长度应不小于一个网格边长或200mm，如为搭焊则焊接长度不小于网片钢筋直径的10倍。网片与坡面间隙不小于20mm。

土钉与面层钢筋网的连接可通过垫板、螺帽及土钉端部螺纹杆固定。垫板钢板厚8～10mm，尺寸为200mm×200mm～300mm×300mm。垫板下空隙须先用高强度水泥砂浆填实，待砂浆达到一定强度后方可旋紧螺帽以固定土钉。土钉钢筋也可通过井字加强钢筋直接焊接在钢筋网上，焊接强度要满足设计要求。

喷射混凝土的配合比应通过试验确定，粗集料的最大粒径不宜大于12mm，水胶比不宜大于0.45，并应通过外加剂来调节所需工作度和早强时间。当采用干法施工时，应事先对操作人员进行技术考核，以保证喷射混凝土的水胶比和质量达到设计要求。

喷射混凝土前，应对机械设备、风、水管路和电路进行全面检查和试运转。

为保证喷射混凝土厚度达到均匀的设计值，可在边壁上隔一定距离打入垂直短钢筋段作为厚度标志。喷射混凝土的射距宜保持在0.6～1.0m范围内，并使射流垂直于壁面。在有钢筋的部位可先喷钢筋的后方，以防止钢筋背面出现空隙。喷射混凝土的路线可从壁面开挖层底部逐渐向上进行，但底部钢筋网搭接长度范围以内先不喷混凝土，待与下层钢筋网搭接绑扎之后，再与下层壁面同时喷混凝土。混凝土面层接缝部分做成45°斜面搭接。当设计面层厚度超过100mm时，混凝土应分两层喷射，一次喷射厚度不宜小于40mm，且接缝错开。混凝土接缝在继续喷射混凝土前应清除浮浆碎屑，并喷少量水润湿。

面层喷射混凝土终凝后2h应喷水养护，养护时间宜为3～7d，养护视当地环境条件采用喷水、覆盖浇水或喷涂养护剂等方法。

喷射混凝土强度可用边长为100mm的立方体试块进行测定。制作试块时，将试模底面紧贴边壁，从侧向喷入混凝土，每批至少留取3组（每组3块）试件。

（5）排水设施的设置。水是土钉支护结构最为敏感的问题，不但要在施工前做好降排水工作，还要充分考虑土钉支护结构工作期间地表水及地下水的处理，设置排水构造措施。

基坑四周地表应加以修整并构筑明沟排水，严防地表水再向下渗流。可将喷射混凝土面层延伸到基坑周围地表构成喷射混凝土护顶并在土钉墙平面范围内地表做防水地面，可防止地表水渗入土钉加固范围的土体中。

基坑边壁有透水层或渗水土层时，混凝土面层上要做泄水孔，即按间距 1.5 ~ 2.0m 均匀铺设长 0.4 ~ 0.6m、直径不小于 40mm 的塑料排水管，外管口略向下倾斜，管壁上半部分可钻些透水孔，管中填满粗砂或圆砾作为滤水材料，以防止土颗粒流失。另外，也可在喷射混凝土面层施工前预先沿土坡壁面每隔一定距离设置一条竖向排水带，即用带状皱纹滤水材料夹在土壁与面层之间形成定向导流带，使土坡中渗出的水有组织地导流到坑底后集中排除，但施工时要注意每段排水带滤水材料之间的搭接效果，必须保证排水路径畅通无阻。

为了排除积聚在基坑内的渗水和雨水，应在坑底设置排水沟和集水井。排水沟应离开坡脚 0.5 ~ 1m，严防冲刷坡脚。排水沟和集水井宜用砖衬砌并用砂浆抹内表面，以防止渗漏。坑中积水应及时排除。

4. 锚杆支护

锚杆支护是在未开挖的土层立壁上钻孔至设计深度，孔内放入拉杆，灌入水泥砂浆与土层结合成抗拉力强的锚杆，锚杆一端固定在坑壁结构上，另一端锚固在土层中，将立壁土体侧压力传至深部的稳定土层。锚杆支护适于较硬土层或破碎岩石中开挖较大、较深基坑，邻近有建筑物时须保证边坡稳定时采用。

锚杆施工包括钻孔、安放拉杆、灌浆和张拉锚固。在正式开工前，还须进行必要的准备工作。

（1）施工准备工作。在锚杆正式施工前，一般须进行下列准备工作：

① 锚杆施工必须清楚施工地区的土层分布和各土层的物理力学特性（天然重度、含水量、孔隙比、渗透系数、压缩模量、凝聚力、内摩擦角等），这对于确定锚杆的布置和选择钻孔方法等都十分重要。

另外，还需了解地下水位及其随时间的变化情况，以及地下水中化学

物质的成分和含量，以便研究对锚杆腐蚀的可能性和应采取的防腐措施。

② 要查明锚杆施工地区的地下管线、构筑物等的位置和情况，慎重研究锚杆施工对它们产生的影响。

③ 要研究锚杆施工对邻近建筑物等的影响，如锚杆的长度超出建筑红线应得到有关部门和单位的批准或许可。

同时，也应研究附近的施工（如打桩、降低地下水位、岩石爆破等）对锚杆施工带来的影响。

④ 编制锚杆施工组织设计，确定施工顺序；保证供水、排水和动力的需要；制定机械进场、正常使用和保养维修制度；安排好劳动组织和施工进度计划；施工前应进行技术交底。

（2）钻孔。钻孔工艺影响锚杆的承载能力、施工效率和成本。钻孔的费用一般占总费用的30%，有时达50%。钻孔要求不扰动土体，减少原来土体内应力场的变化，尽量不使自重应力释放。

（3）安放拉杆。锚杆用的拉杆，常用的有钢管（钻杆用作拉杆）、粗钢筋、钢丝束和钢绞线。其主要根据锚杆的承载能力和现有材料的情况来选择。当承载能力较小时，多用粗钢筋；当承载能力较大时，多用钢绞线。

（4）压力灌浆。压力灌浆是锚杆施工中的一道重要工序。施工时，应将有关数据记录下来，以备将来查用。灌浆的作用是形成锚固段，将锚杆锚固在土层中；防止钢拉杆腐蚀；充填土层中的孔隙和裂缝。

灌浆的浆液为水泥砂浆（细砂）或水泥浆。水泥一般不宜用高铝水泥，由于氯化物会引起钢拉杆腐蚀，因此其含量不应超过水泥重的0.1%。由于水泥水化时会生成SO_2，所以硫酸盐的含量不应超过水泥重的4%。我国多用普通硅酸盐水泥，有些工程为了早强、抗冻和抗收缩，曾使用过硫铝酸盐水泥。

拌和水泥浆或水泥砂浆所用的水，一般应避免采用含高浓度的氯化物，因为它会加速钢拉杆的腐蚀。若对水质有疑问，应事先进行化验。

（5）锚杆张拉与施加预应力。锚杆压力灌浆后，待锚固段的强度大于15MPa并达到设计强度等级的75%后，方可进行张拉。

锚杆宜张拉至设计荷载的0.9～1.0倍后，再按设计要求锁定。锚杆张拉控制应力，不应超过拉杆强度标准值的75%。

锚杆张拉时，其张拉顺序要考虑对邻近锚杆的影响。

(6) 锚杆试验。锚杆锚固段浆体强度达到15MPa或达到设计强度等级的75%时方可进行锚杆试验。

加载装置（千斤顶、油泵）的额定压力必须大于试验压力，且试验前应进行标定。加载反力装置的承载力和刚度应满足最大试验荷载要求。

5. 深层搅拌水泥土桩墙

深层搅拌水泥土桩墙围护墙是用深层搅拌机就地将土和输入的水泥浆强制搅拌，形成连续搭接的水泥土柱状加固体挡墙。

水泥土加固体的渗透系数不大于10^{-7}cm/s，能止水防渗，因此这种围护墙属重力式挡墙，利用其本身的质量和刚度进行挡土和防渗，具有双重作用。

水泥土围护墙截面呈格栅形，相邻桩搭接长宽不小于200mm，截面置换率对淤泥不宜小于0.8，淤泥质土不宜小于0.7，一般黏性土、黏土及砂土不宜小于0.6。格栅长宽比不宜大于2。

如为改善水泥土的性能和提高早期强度，可掺入木钙、三乙醇胺、氯化钙、碳酸钠等。水泥土的施工质量对围护墙性能有较大影响。因此，要保护设计规定的水泥掺和量，并严格控制桩位和桩身垂直度；要控制水泥浆的水胶比≤0.45，否则桩身强度难以保证；要搅拌均匀，采用二次搅拌工艺，喷浆搅拌时控制好钻头的提升或下沉速度；要限制相邻桩的施工间歇时间，以保证搭接成整体。

水泥土围护墙的优点：由于坑内无支撑，便于机械化快速挖土；具有挡土、挡水的双重功能；一般比较经济。其缺点：不宜用于深基坑，一般不宜大于6m；位移相对较大，尤其在基坑长度大时，这时可采取中间加墩、起拱等措施以限制过大的位移；厚度较大，只有在红线位置和周围环境允许时才能采用，而且水泥土搅拌桩施工时要注意防止影响周围环境。水泥土围护墙宜用于基坑侧壁安全等级为二、三级者；地基土承载力不宜大于150kPa。

高压旋喷桩所用的材料亦为水泥浆，只是施工机械和施工工艺不同。它是利用高压经过旋转的喷嘴将水泥浆喷入土层与土体混合形成水泥土加固体，相互搭接形成桩排，用来挡土和止水。高压旋喷桩的施工费用要高于深层搅拌水泥土桩，但它可用于空间较小处。施工时要控制好上提速度、喷射压力和水泥浆喷射量。

第四节　地基处理与桩基工程

一、地基处理

地基是指建筑物荷载作用下基底下方产生的变形不可忽略的那部分地层。而基础则是指将建筑物荷载传递给地基的下部结构。作为支承建筑物荷载的地基，必须能防止强度破坏和失稳。在满足上述条件下，尽量采用相对埋深不大，只需普通施工程序就可完成的基础类型，即天然地基上的浅基础。若地基不能满足要求，则应进行地基加固处理，在处理后的地基上建造的基础，我们称之为人工地基上的浅基础。当上述地基基础形式均不能满足要求时，则应考虑借助特殊的施工手段实现的、相对埋深较大的基础形式，即深基础（常用桩基），以求把荷载更稳固地传递到深部的坚实土层中。

地基处理就是按照上部结构对地基的要求，对地基进行必要的加固或改良，提高地基土的承载力，保证地基稳定，降低房屋沉降的可能性。

（一）特殊土地基工程性质及处理原则

1. 饱和淤泥土

工程上将淤泥和淤泥质土称为软土。软土以黏粒为主，在静水或非常缓慢的流水环境中沉积而成。

我国大部分地区在地下 6～15m 都存在着性质差的淤泥层，淤泥质土易引发事故，且一旦发生事故难以处理。

2. 杂填土地基

杂填土由堆积物组成。堆积物一般为含有建筑垃圾、工业废料、生活垃圾、弃土等杂物的填土。

可用强夯法、振冲碎石桩、振动成孔灌注桩、复合地基等方法解决杂填土地基的不均匀性，不宜用静力预压、砂垫层等方法处理。

3. 湿陷性黄土

湿陷性黄土是一种特殊的黏性土，浸水便会产生湿陷，使地基出现大面积或局部下沉，造成房屋损坏，其广泛分布于我国河南、河北、山东、山西、陕西北部等区域。

破坏土的大孔结构，改善土的工程性质，消除或减少地基的湿陷变形，防止水浸入地基，提高建筑结构刚度等，可用灰土垫层法、夯实法、挤密法、桩基础法、预浸水法等处理。

4. 膨胀土

膨胀土是一种由亲水性矿物黏粒组成，具有较大胀缩性的高塑性黏土，主要黏粒矿物为具有很强吸附能力的蒙脱石，它的强度较高，压缩性很差，具有吸水膨胀、失水收缩和反复胀缩变形的特点，性质极不稳定。膨胀土主要分布于我国湖北、广西、云南、安徽、河南等地。

膨胀土虽属于坚硬不透水的裂隙土，但其吸附能力极强。膨胀土含水量的增加依靠水分子的转移和毛细管的作用，其含水量的减少依靠蒸发。房屋的不均匀变形有土质本身不均匀的因素，更重要的是水分转移及蒸发的不均匀性。在地基处理时可采用换土、砂石垫层、土性改良等方法。当膨胀土较厚时，可以采用桩基处理，将桩尖支撑在稳定土层上。

（二）地基土处理方法

地基处理就是按照上部结构对地基的要求，对地基进行必要的加固或改良，经人工处理，改善地基土的强度及压缩性，消除或避免造成上部结构破坏和开裂的影响因素。常见的地基处理方法有以下几种。

1. 灰土垫层

灰土垫层是采用石灰和黏性土拌和均匀后，分层夯实而成。石灰与土的配合比一般采用体积比，比例为2∶8或3∶7，其承载能力可达到300kPa，适用于地下水水位较低、基槽经常处于较干状态下的一般黏性土地基的加固。灰土地基施工方法简便，取材容易，费用较低。其施工要点如下：

（1）灰土料的施工含水量应控制在最优含水量 ±2% 的范围内，最优含水量可以通过击实试验确定，也可按当地经验取用。

（2）灰土分段施工时，不得在墙角、柱基及承重窗间墙下接缝，上、下两层的接缝距离不得小于500mm，接缝处应夯压密实，并做成直槎。当灰土地基高度不同时，应做成阶梯形，每阶宽度不小于500mm。对做辅助防渗层的灰土，应将地下水水位以下结构包围，并处理好接缝，同时注意接缝质量；每层虚土从留缝处往前延伸500mm，夯实时应夯过接缝300mm以上；

接缝时，用铁锹在留缝处垂直切齐，再铺下段夯实。

(3) 灰土应于当日铺填夯压，入坑（槽）灰土不得隔日夯打。夯实后的灰土 30d（天）内不得受水浸泡，并及时进行基础施工与基坑回填，或在灰土表面作临时性覆盖，避免日晒雨淋。雨期施工时，应采取适当的防雨、排水措施，以保证灰土在基坑（槽）内无积水的状态下能被夯实。刚夯打完的灰土，如突然遇雨，应将松软灰土除去，并补填夯实；稍受湿的灰土可在晾干后补夯。

(4) 冬期施工必须在基层不冻的状态下进行，对土料应覆盖保温，不得使用冻土及夹有冻块的土料；已熟化的石灰应在次日用完，以充分利用石灰熟化时的热量。当日拌和灰土应当日铺填夯完，表面应用塑料布及草袋覆盖保温，以防灰土垫层早期受冻而降低强度。

(5) 施工时，应注意妥善保护定位桩、轴线桩，防止碰撞发生位移并应经常复测。

(6) 对基础、基础墙或地下防水层、保护层以及从基础墙伸出的各种管线，均应妥善保护，防止回填灰土时碰撞或被损坏。

(7) 夜间施工时应合理安排施工顺序，要配备足够的照明设施，防止铺填超厚或配合比错误。

(8) 灰土地基夯实后，应及时进行基础的施工和地坪面层的施工；否则，应临时遮盖，防止日晒雨淋。

(9) 每一层铺筑完毕，应进行质量检验并认真填写分层检测记录。当某一填层不符合质量要求时，应立即采取补救措施，进行整改。

2. 砂垫层与砂石垫层

当地基土较松软时，常将基础下面一定厚度的软弱土层挖除，用砂或砂石垫层来代替，以起到提高地基承载力、减少沉降、加速软土层排水固结作用。该方法一般用于具有一定透水性的黏土地基加固，但不宜用于湿陷性黄土地基和不透水的黏性土地基的加固，以免引起地基大幅下沉，降低其承载力。砂（石）垫层施工要点如下：

(1) 施工前应验槽，先将浮土消除，基槽（坑）的边坡必须稳定，槽底和两侧如有孔洞、沟、井和墓穴等，应在未做垫层前加以处理。

(2) 人工级配的砂石材料，应按级配拌制均匀，再铺填振实。

（3）砂垫层或砂石垫层的底面宜铺设在同一标高上，如深度不同时，施工应按照先深后浅的顺序进行。土层面应形成台阶或斜坡搭接，搭接处应注意振捣密实。

（4）分段施工时，接样处应做成斜坡，每层错开0.5~1.0m，并应充分振捣。

（5）采用砂石垫层时，为防止基坑底面的表层软土发生局部破坏，应在基坑底部及四周先铺一层砂，再铺一层碎石垫层。

（6）垫层应分层铺设，分层夯（压）实。振捣砂垫层应注意不要扰动基坑底部和四周的土，以免影响和降低地基强度。每铺好一层垫层，经密实度检验合格后方可进行上一层施工。

（7）冬期施工时，不得采用夹有冰块的砂石做垫层，并应采取措施防止砂石内水分冻结。

3. 碎砖三合土垫层

碎砖三合土是用石灰、砂、碎砖（石）和水搅拌均匀后，分层铺设夯实而成。配合比应按设计规定，一般用1∶2∶4或1∶3∶6（消石灰∶砂或黏性土∶碎砖，体积比）。碎砖粒径为20~60mm，不得含有杂质；砂或黏性土中不得含有草根、贝壳等有机物；石灰用未粉化的生石灰块，使用时临时用水熟化。施工时，按体积配合比材料，拌和均匀，铺摊入槽。同时应注意下列事项：

（1）基槽在铺设三合土前，必须验槽、排除积水和铲除泥浆。

（2）三合土拌和均匀后，应分层铺设。铺设厚度第一层为220mm，其余各层均为200mm，每层应分别夯实至150mm。

（3）三合土可采用人力夯或机械夯实。夯打应密实，表面平整。如发现三合土含水量过低，应补浇灰浆，并随浇随打夯。铺摊完成的三合土不得隔日夯打。

（4）铺至设计标高后，最后一遍夯打时，宜淋洒浓灰浆，待表面略干后，再铺摊薄层砂子或煤屑，进行最后整平夯实，以便施工弹线。

4. 强夯法

强夯法是一种地基加固措施，即用几十吨（8~40t）的重锤从高处（6~30m）落下，反复多次夯击地面，对地基进行强力夯实。这种强大的夯

击力（≥ 500kJ）在地基中产生应力和振动，从地面夯击点发出的纵波和横波可以传至土层深处，迫使土体中的孔隙压缩，土体局部液化，夯击点周围产生裂隙，形成良好的排水通道，水和气迅速排出，土体固结，从而使地基土浅层和深层得到不同程度的加固，提高地基承载力，降低其压缩性。

强夯法适用于处理碎石土、砂土和低饱和度的黏性土、粉土以及湿陷性黄土等地基的深层加固。地基经强夯加固后，承载能力可提高 2 ~ 5 倍，压缩性可降低 200% ~ 1000%，其影响深度在 10m 以上，且强夯法具有施工简单、速度快、节省材料、效果好等特点，因而被广泛使用，但强夯所产生的振动和噪声很大，对周围建筑物和其他设施有影响，在城市中心和居民区不宜采用，必要时应采取挖防震沟等防震措施。其施工要点如下：

（1）施工前应做好强夯地基地质勘察，对不均匀土层适当增加钻孔和原位测试工作，掌握土质情况，作为制订强夯方案和对比夯前、夯后加固效果之用。查明强夯影响范围内的地下构筑物和各种地下管线的位置及标高，采取必要的防护措施，避免因强夯施工而造成破坏。

（2）施工前应检查夯锤质量、尺寸，落锤控制手段及落距，夯击遍数，夯点布置，夯击范围，进而现场试夯，用以确定施工参数。

（3）夯击时，落锤应保持平稳，夯位应准确，夯击坑内积水应及时排除。坑底含水量过大时，可铺砂石后再进行夯击。

（4）强夯应分段进行，顺序从边缘夯向中央，对厂房柱基也可一排一排夯；起重机直线行驶，从一边驶向另一边，每夯完一遍，进行场地平整。放线定位后，再进行下一遍夯击。强夯的施工顺序是先深后浅，即先加固深层土，再加固中层土，最后加固浅层土。夯坑底面以上的填土（经推土机推平夯坑）比较疏松，加上强夯产生的强大振动，也会使周围已夯实的表层土产生一定的松动，如前所述，一定要在最后一遍点夯完之后，再以低能量满夯一遍。但在夯后进行工程质量检验时，有时会发现厚度 1m 左右的表层土的密实程度要比下层土差，说明满夯没有达到预期的效果，这是因为目前大部分工程的低能满夯采用和强夯施工同一夯锤低落距夯击，由于夯锤较重，而表层土因无上覆压力、侧向约束小，所以夯击时土体侧向变形大。对于粗颗粒的碎石、砂砾石等松散料来说，侧向变形就更大，更不易夯实、夯密。由于表层土是基础的主要持力层，如处理不好，将会增加建筑物的沉降和不均

匀沉降发生的概率。因此，必须高度重视表层土的夯实问题。有条件的，满夯时宜采用小夯锤夯击，并适当增加满夯的夯击次数，以提高表层土的夯实效果。

(5) 对于高饱和度的粉土、黏性土和新饱和填土，进行强夯时，很难将最后两击的平均夯沉量控制在规定的范围内，这时可采取以下措施：

① 适当降低夯击能量。

② 适当加大夯沉量差。

③ 填土可采取将原土上的淤泥清除，挖纵横盲沟，以排除土内的水分；同时，在原土上铺 50cm 厚的砂石混合料，以保证强夯时土内的水分排出，在夯坑内回填块石、碎石或矿渣等粗颗粒材料，进行强夯置换等措施。

强夯将坑底软土向四周挤出，使其在夯点下形成块（碎）石墩，并与四周软土构成复合地基，产生明显的加固效果。

(6) 雨期强夯施工，场地四周设排水沟、截洪沟，防止雨水入侵夯坑；填土中间稍高，土料含水率应符合要求，分层回填、摊平和碾压，使表面保持 1% ~ 2% 的排水坡度，当班填当班压实；雨后抓紧时间排水，推掉表面稀泥和软土，再碾压，夯后夯坑立即填平、压实，使之高于四周。

(7) 冬期施工应清除地表冰冻层再强夯，夯击次数相应增加。如有硬壳层，要适当增加夯击次数或提高夯击质量。

(8) 做好施工过程中的监测和记录工作，包括检查夯锤重和落距，对夯点放线进行复核，检查夯坑位置，按要求检查每个夯点的夯击次数、每夯的夯沉量等，对各项施工参数、施工过程实施情况做好详细记录，作为质量控制的依据。

5. 灰土挤密桩

灰土挤密桩是以振动或冲击的方法成孔，然后在孔中填以 2 : 8 或 3 : 7 灰土并夯实而成。适用于处理松软砂类土、素填土、杂填土、湿陷性黄土等，将土挤密或消除湿陷性，效果显著。处理后地基承载力可以提高一倍以上，同时具有节省大量土方，降低造价 70% ~ 80%，施工简便等优点。其施工要点如下：

(1) 施工前应在现场进行成孔、夯填工艺和挤密效果试验，以确定分层填料厚度、夯击次数和夯实后干密度等要求。

(2) 灰土的土料和石灰质量要求及配制工艺要求同灰土垫层。填料的含水量超出或低于最佳值 3% 时，宜进行晾干或洒水润湿。

(3) 桩施工一般采取先将基坑挖好，预留 20 ~ 30cm 土层，然后在基坑内施工灰土桩，基础施工前再将已扰动的土层挖去。

(4) 桩的施工顺序应先外排后里排，同排内应间隔一两个孔，以免因振动挤压造成相邻孔产生缩孔或坍孔。成孔达到要求深度后，应立即夯填灰土，填孔前应先清底夯实、夯平。夯击次数不少于 8 次。

(5) 桩孔内灰土应分层回填夯实，每层厚度为 350 ~ 400mm，夯实可用人工或简易机械进行，桩顶应高出设计标高约 150mm，挖土时将高出部分铲除。

(6) 如孔底出现饱和软弱土层时，可加大成孔间距，以防由于振动造成已成桩孔内挤塞；当孔底有地下水流入，可采用井点抽水后再回填灰土或可向桩孔内填入一定数量的干砖渣和石灰，经夯实后再分层填入灰土。

6. 堆载预压法

堆载预压法是在含饱和水的软土或杂填土地基中打入一群排水砂桩(井)，桩顶铺设砂垫层，先在砂垫层上分期加荷预压，使土中孔隙水不断通过砂井上升至砂垫层排出地表，从而在建筑物施工之前，地基土大部分先期排水固结，减少了建筑物沉降，提高了地基的稳定性。这种方法具有固结速度快、施工工艺简单、效果好等特点，得到广泛应用。适用于处理深厚软土和冲填土地基，多用于处理机场跑道、水工结构、道路、路堤、码头、岸坡等工程地基，对于泥炭等有机质沉积地基则不适用。堆载预压施工要点如下：

(1) 砂井施工机具、方法等同于打砂桩。当采用袋装砂井时，砂袋应选用透水性好、韧性强的麻布、聚丙烯编织布制作。当桩管沉到预定深度后插入袋子，把袋子的上口固定到装砂用的漏斗上，通过振动将砂子填入袋中并密实；待装满砂后，卸下砂袋扎紧袋口，拧紧套管上盖并提出套管，此时袋口应高出孔口 500mm，以便埋入地基中。

(2) 砂井预压加荷物一般采用土、砂、石或水。加荷方式有两种：一是在建筑物正式施工前，在建筑物范围内堆载，待沉降基本完成后把堆载卸走，再进行上部结构施工；二是利用建筑物自身的重量，更加直接、简便、

经济，每平方米所加荷载量宜接近设计荷载。也可用设计标准荷载的120%为预压荷载，以加速排水固结。

(3) 地基预压前，应设置垂直沉降观测点、水平位移观测桩测、斜仪及孔隙水压计。

(4) 预压加载应分期、分级进行。加荷时应严格控制加荷速度，控制方法是每天测定边桩的水平位移与垂直升降和孔隙水压力等。地面沉降速率不宜超过10mm/d。边桩水平位移宜控制在3～5mm/d；边桩垂直上升不宜超过2mm/d。若超过上述规定数值，应停止加荷或减荷，待稳定后再加载。

(5) 加荷预压时间由设计规定，一般为6个月，但不宜少于3个月。同时，待地基平均沉降速率减小到不大于2mm/d，方可开始分期、分级卸荷，但应继续观测地基沉降和回弹情况。

7. 振冲地基

振冲地基是利用振冲器在土中形成振冲孔，并在振动冲水过程中填以砂、碎石等材料，借振冲器的水平及垂直振动，振密填料，形成的砂石桩体与原地基构成复合地基，提高地基的承载力和改善土体的排水降压通道，并对可能发生液化的砂土产生预振效应，防止液化。

振冲桩加固地基不仅可节省钢材、水泥和木材，且施工简单，加固期短，还可因地制宜，就地取材，用碎石、卵石和砂、矿渣等填料，费用低廉，是一种快速、经济、有效的地基加固方法。

振冲桩适用于加固松散的砂土地基；对黏性土和人工填土地基，经试验证明加固有效时方可使用；对于粗砂土地基，可利用振冲器的振动和水冲过程使砂土结构重新排列挤密，而不必另加砂石填料(也称振冲挤密法)。

施工要点：

(1) 施工前应先进行振冲试验，以确定其成孔施工合适的水压、水量、成孔速度及填料方法，达到土体密实度时的密实电流值和留振时间等。

(2) 振冲施工工艺。先按图定位，然后振冲器对准孔点以1～2m/min的速度沉入土中。每沉入0.5～1.0m，宜在该段高度悬留振冲5～10s，进行扩孔，待孔内泥浆溢出时再继续沉入，使之形成0.8～1.2m的孔洞。当下沉达到设计深度时，留振并减小射水压力(一般保持0.1N/mm^2)，以便排除泥浆进行清孔。也可将振冲器以1～2m/min的均速沉至设计深度以上

300 ~ 500mm，然后以 3 ~ 5m/min 的均速提出孔口，再用同法沉至孔底，如此反复一两次达到扩孔的目的。

（3）成孔后应立即往孔内加料，把振冲器沉入孔内的填料中进行振密，直到密实电流值达到规定值为止。如此提出振冲器，加料，沉入振冲器振密，反复进行直至桩顶，每次加料的高度为 0.5 ~ 0.8m。在砂性土中制桩时，也可采用边振边加料的方法。

（4）在振密过程中宜小水量喷水补给，以降低孔内泥浆密度，有利于填料下沉，便于振捣密实。

8. 深层搅拌法

深层搅拌法是利用水泥浆做固化剂，采用深层搅拌机在地基深部就地将软土和固化剂充分拌和，利用固化剂和软土发生一系列物理、化学反应，使之凝结成具有整体性、水稳性和较高强度的水泥加固体，与天然地基形成复合地基。加固形式有柱状、壁状和块状三种。

深层搅拌法加固工艺合理，技术可靠，施工中无振动、无噪声，对环境无污染，对土壤无侧向挤压，对邻近建筑影响很小，同时工期较短，造价较低，效益显著。

深层搅拌法适用于加固较深、较厚的饱和黏土及软黏土，沼泽地带的泥炭土，粉质黏土和淤泥质土等。土类加固后多用于墙下条形基础及大面积堆料厂房下的地基。其施工要点如下：

（1）深层搅拌法的施工工艺流程：深层搅拌机定位→预搅下沉→制配水泥浆→提升喷浆搅拌→重复上、下搅拌→清洗→移至下一根桩位。重复工序直至施工完成。

（2）施工时，先将深层搅拌机用钢丝绳吊挂在起重机上，用输浆胶管将贮料罐、砂浆泵同深层搅拌机接通，开动电机，搅拌机叶片相向而转，以 0.38 ~ 0.75m/min 的速度沉至要求加固深度；再以 0.3 ~ 0.5m/min 的均匀速度提升搅拌机，与此同时，开动砂浆泵，将砂浆从搅拌机中心管不断压入土中，由搅拌机叶片将水泥浆与深层处的软土搅拌，边搅拌边喷浆，直至提升地面，即完成一次搅拌过程。用同法再一次重复搅拌下沉和重复搅拌喷浆上升，即完成一根柱状加固体，外形呈“8”字形，一根接一根搭接，即成壁状加固体，几个壁状加固体连成一片即形成块体。

(3) 施工中要控制搅拌机提升速度，使其连续匀速以便控制注浆量，保证搅拌均匀。

(4) 每天加固完毕，应用水清洗储料罐、砂浆泵、深层搅拌机及相应管道，以备再用。

二、桩基工程

(一) 桩基础的分类

桩基础可以采用单根桩的形式承受和传递上部结构的荷载，这种基础称为单桩基础。但绝大多数桩基础是由2根或2根以上的多根桩组成群桩，由承台将桩群在上部联结成一个整体，建筑物的荷载通过承台分配给各根桩，桩群再把荷载传递给地基，这种由2根或2根以上桩组成的桩基础称为群桩基础，群桩基础中的单桩称基桩。

桩基础由设置于土中的桩和承接上部结构荷载的承台两部分组成。根据承台与地面的相对位置，桩基础一般可分为低承台桩基和高承台桩基。低承台桩基的承台底面位于地面以下，其受力性能好，具有较强的抵抗水平荷载的能力，建筑工程中几乎都使用低承台桩基；高承台桩基的承台底面位于地面以上，且常处于水下，水平受力性能差，但可避免水下施工及节省基础材料，多用于桥梁及港口工程。

(二) 钢筋混凝土预制桩施工

预制桩是指施工前在工厂或施工现场预先用各种材料制成的一定形式和尺寸的桩（如木桩、混凝土方桩、预应力混凝土管桩、钢桩等)，而后用沉桩设备将其打入、压入或振入土中。按桩身材料不同，可分为钢筋混凝土桩、钢桩和木桩。按是否施加预应力又可分为非预应力钢筋混凝土桩和预应力钢筋混凝土桩。

预制钢筋混凝土桩分实心桩和空心桩。最为常用的是实心方桩，截面尺寸从200mm × 200mm到600mm × 600mm。现场制作桩长可达25 ~ 30m，工厂预制一般不超过12m。

空心桩包括预应力混凝土空心方桩和预应力混凝土管桩。

空心方桩是专业工厂采用先张法预应力、离心成型和蒸汽养护等工艺制成的一种细长的外方内圆等截面预制混凝土构件，兼有实心方桩和管桩的优点，其生产工艺更接近管桩。桩身混凝土强度等级要求不得低于C60。

管桩是采用预应力工艺，经离心成型、常压或高压蒸汽养护工艺在工厂标准化、规模化生产制造的预应力中空圆筒体细长混凝土预制件。按桩身混凝土强度等级不同可分为预应力混凝土管桩、预应力高强混凝土管桩和预应力混凝土薄壁管桩。

1. 施工准备

(1) 整平场地及周边障碍物处理。

(2) 定桩位及埋设水准点。依据施工图设计要求，把桩基定位轴线桩的位置在施工现场准确地测定出来，并做出明显的标志。在打桩现场附近设置2～4个水准点，用以抄平场地和作为检查桩入土深度的依据。桩基轴线的定位点及水准点，应设置在不受打桩影响的地方。

(3) 桩帽、垫衬和送桩设备机具准备。

2. 桩的制作

(1) 管桩及长度在10m以内的方桩在预制厂制作，较长的方桩在打桩现场制作。

(2) 模板可以保证桩的几何尺寸准确，使桩面平整挺直；桩顶面模板应与桩的轴线垂直；桩尖四棱锥面呈正四棱锥体，且桩尖位于桩的轴线上；底模板、侧模板及重叠法生产时，桩面间均应涂刷好隔离层，不得黏结。

(3) 钢筋骨架的主筋连接宜采用对焊；主筋接头配置在同一截面内数量不超过50%；同一根钢筋两个接头的距离应大于30d并不小于500mm。桩顶和桩尖直接受到冲击力易产生很大的局部应力，桩顶和桩尖钢筋配置应做特殊处理。

3. 桩的运输和堆放

一般按打桩顺序边打边运，减少二次搬运。运前检查桩的质量、尺寸、桩靴的牢固性以及打桩中使用的标志是否准确齐全等。桩运到现场后应进行外观检查。运输距离不大时，可以在桩下垫滚筒（桩与滚筒间应放有托板），用卷扬机拖动桩身前进；当运距较大时，采用轻便轨道小平台车运输。对较短的桩，可采用汽车运输，运输过程中的支点与吊点的位置应保持一致。

桩的堆放，要求地面平稳坚实，支点垫木的间距应根据吊点位置确定，但不少于2个，且保持在同一平面上，各层垫木应上下对齐，处于同一垂线上。堆放层数不宜超过4层。不同类型和尺寸的桩考虑使用先后应分开堆放。

4. 桩的起吊

待桩身强度达到设计强度的70%后方可起吊，达到设计强度的100%才能运输和打桩，如须提前起吊，必须进行强度和抗裂验算，吊点的位置应符合设计规定。无规定时，绑扎点的数量及位置按桩长而定，应符合起吊弯矩最小的原则，可按以下规定：用一个吊点吊桩时，吊点设于距桩上端0.3倍桩长处；用两个吊点时，吊点设于距两端各0.21倍桩长处；用三个吊点时，吊点设置在桩长中点及距离两端各0.15倍桩长处。吊点的位置偏差不应超过设计位置20mm。使用起重机起吊时，应使桩纵轴线夹角小于45°。

5. 锤击沉桩

锤击沉桩也称打入桩，是靠打桩机的桩锤下落到桩顶产生的冲击能而将桩沉入土中的一种沉桩方法。该方法施工速度快，机械化程度高，适用范围广，是预制钢筋混凝土桩最常用的沉桩方法。但施工时有冲撞噪声，对地表层有一定的振动，在城区和夜间施工有所限制。

锤击沉桩的施工工艺流程：施工准备→确定桩位和沉桩顺序→打桩机就位→吊桩喂桩→校正→锤击沉桩→接桩→再锤击沉桩→送桩→收锤→切割桩头。

(1) 打桩前的准备工作。打桩前应做好下列准备工作：处理架空高压线和地下障碍物，场地应平整，排水应畅通，并满足打桩所需的地面承载力；设置供电、供水系统；安装打桩机等。施工前还应做好定位放线。桩基轴线的定位点及水准点，应设置在不受打桩影响的区域，水准点设置不得少于两个，轴线控制桩应设置在距最外桩5～10m处，以控制桩基轴线和标高。根据建筑物的轴线控制桩，按设计图纸要求定出桩基础轴线（偏差值应≤20mm）和每个桩位（偏差值应≤10mm）。

打桩施工前，应在桩架或桩侧面设置标尺，以观测、控制桩的入土深度。

(2) 确定打桩顺序。打桩顺序是否合理，直接关系到打桩进度和施工质

量。打桩顺序要求应符合下列规定：

① 对于密集桩群，自中间向两个方向或四周对称施工。

② 当一侧毗邻建筑物时，由毗邻建筑物处向另一方向施打。

③ 根据基础的设计标高，宜先深后浅。

④ 根据桩的规格，宜先大后小、先长后短。

一般情况下，当桩较密集时（桩中心距小于或等于4倍桩边长或桩径），应由中间向两侧对称施打或由中间向四周施打，这样，打桩时土体由中间向两侧或四周均匀挤压，易保证施工质量。当桩数较多时，也可采用分区段施打。

当桩较稀疏时（桩中心距大于4倍桩边长或桩径），可采用上述两种打桩顺序，也可采用由一侧向另一侧单一方向施打的方式（逐排施打），或由两侧同时向中间施打。

(3) 打桩机就位。按既定的打桩顺序，将桩架移动至设计所定的桩位处并用缆风绳等稳定。

(4) 吊桩、喂桩、校正。将桩运至桩架下，一般利用桩架附设的起重钩借桩机上的卷扬机吊桩就位，或配一台履带式起重机送桩就位，并用桩架上夹具或落下桩锤借桩帽固定位置。桩提升为直立状态后，对准桩位中心。

桩就位后，在桩顶安上桩帽，然后放下桩锤轻轻压住桩帽。桩锤、桩帽和桩身中心应在同一垂直线上。在桩的自重和锤重的压力下，桩便会沉入一定深度，等桩下沉达到稳定状态后，再一次复查其平面位置和垂直度，若有偏差应及时纠正，必要时要拔出重打。校核桩的垂直度可采用垂直角，即用两个方向（互成90°）的经纬仪使导架保持垂直。校正符合要求后，即可进行打桩。为了防止击碎桩顶，应在混凝土桩的桩顶和桩帽之间、桩锤与桩帽之间放上硬木、麻袋等弹性衬垫作缓冲层。

(5) 锤击沉桩。打桩开始时，应先采用小的落距（0.5 ~ 0.8m）做轻的锤击，使桩正常沉入土中1 ~ 2m后，经检查桩尖不发生偏移，再逐渐增大落距至规定高度，继续锤击，直至把桩打到设计要求的深度。

打桩有“轻锤高击”和“重锤低击”两种方式。轻锤高击，所得的动量小，而桩锤对桩头的冲击力大，因而回弹也大，桩头容易损坏，大部分能量均消耗在桩锤的回弹上，故桩难以入土。相反，重锤低击，所得的动量大，

而桩锤对桩头的冲击力小，因而回弹也小，桩头不易被打碎，大部分能量都可以用来克服桩身与土壤的摩阻力和桩尖的阻力，故桩能很快入土。此外，又由于重锤低击的落距小，因而可提高锤击频率，打桩效率也高，正因为桩锤频率较高，对于较密实的土层，如砂土或黏性土也能较容易地穿过，所以打桩宜采用“重锤低击”。

(6) 接桩。当设计的桩较长，但由于打桩机高度有限或预制、运输等因素，只能采用分段预制、分段打入的方法，须在桩打入过程中将桩接长。一般混凝土预制桩接头不宜超过2个，预应力管桩接头不宜超过4个，应避免在桩尖接近硬持力层或桩尖处于应持力层中时接桩。

桩的接头应有足够的强度，能传递轴向力、弯矩和剪力，接桩方法有焊接法和浆锚法。前者适用于各类土层，后者适用于软土层。

接桩方法目前以焊接法应用最多。接桩时，一般在距离地面1m左右处进行，上、下节桩的中心线偏差不得大于10mm，节点弯曲矢高不得大于0.1%的两节桩长。在焊接后应使焊缝在自然条件下冷却10min后方可继续沉桩。

浆锚法接头是将上节桩锚筋插入下节桩锚筋孔内，再用硫黄胶泥锚固。硫黄胶泥是一种热塑冷硬性胶结材料，它是由胶结料、细集料、填充料和增韧剂熔融搅拌混合配制而成。其质量配合比为硫黄：水泥：砂：聚硫橡胶＝44：11：44：1。硫黄胶泥灌注后停歇时间不得小于7min，即可继续沉桩施工。浆锚法接桩，可节约钢材，操作简便，接桩时间比焊接法大为缩短，但不宜用于坚硬土层中。

(7) 送桩（替打）。打桩过程中，借助送桩器将桩顶沿至地面以下的工序称为送桩。

如桩顶标高低于自然土面，则须用送桩管将桩送入土中。桩与送桩管的纵轴线应在同一直线上，拔出送桩管后，桩孔应及时回填或加盖。设计要求送桩时，送桩的中心线应与桩身吻合，方能进行送桩。

送桩管一般用钢制成，长度应为桩锤可能达到的最低标高与预制桩顶沉入标高之和再加上适当的余量。钢送桩的长度，对于下沉550mm直径的混凝土管桩一般采用2.5m；下沉直径大于900mm的钢管桩一般采用5m。为了能在送桩上插入射水管，须在送桩体留有宽度0.3m、高度1～2m的槽口。

若桩顶不平可用麻袋或厚纸垫平。送桩留下的桩孔应立即回填密实。

(8) 收锤。锤击沉桩的停锤标准如下：

① 设计桩尖标高处为硬塑黏性土、碎石土、中密以上的砂土或风化岩等土层时，根据贯入度变化并对照地质资料，确认桩尖已沉入该土层，贯入度达到控制贯入度时，停锤。

② 当贯入度已达到控制贯入度，而桩尖标高未达到设计标高时，一贯继续锤入 10cm 左右 (或锤击 30 ~ 50 击)，如无异常变化时，停锤。若桩尖标高比设计标高高得多时，应报有关部门研究。

③ 设计桩尖标高处为一般黏性土或其他较松软土层时，应以标高控制，贯入度作为校核；当桩尖已达设计标高，贯入度仍较大时，应继续锤击，使贯入度接近控制贯入度。

④ 在同一桩基中，各桩的贯入度应大致接近，而沉入深度不宜相差过大，避免产生不均匀沉降；如因土质变化太大，致使各桩贯入度或沉入深度相差较大时，应报有关部门研究，另行确定停锤标准。

对于特殊设计的桩，桩尖设计标高不同时，按设计要求处理。

(9) 截桩头。如桩底达到了设计深度，而配桩长度大于桩顶设计标高时需要截去桩头。

截桩头宜用锯桩器截割，或用手锤人工凿除混凝土，钢筋用气割割齐。严禁用大锤横向敲击或强行扳拉截桩。

截桩头时不能破坏桩身，要保证桩身的主筋伸入承台，长度应符合设计要求。当桩顶标高在设计标高以下时，在桩位上挖成喇叭口，凿掉桩头混凝土，剥出主筋并焊接接长至设计要求长度，与承台钢筋绑扎在一起，用与桩身同强度等级的混凝土与承台一起浇筑接长桩身。

(三) 钢筋混凝土灌注桩施工

灌注桩，是直接在桩位上就地成孔，然后在孔内安放钢筋笼灌注混凝土而成。灌注桩能适应各种地层，无须接桩，施工时无振动、无挤土、噪声小，宜在建筑物密集地区使用。但其操作要求严格，施工后需较长的养护期方可承受荷载，成孔时有大量土渣或泥浆排出。根据成孔工艺不同，分为干作业成孔灌注桩、泥浆护壁成孔灌注桩、套管成孔灌注桩和爆扩成孔灌注桩

等。近年来，灌注桩施工工艺发展很快，还出现了夯扩沉管灌注桩、钻孔压浆成桩等一些新工艺。

1. 灌注桩成孔方法

灌注桩按成孔方法分为泥浆护壁成孔灌注桩、干作业成孔灌注桩、套管成孔灌注桩和爆扩成孔灌注桩四种，其适用范围见表 5-2。

表 5-2 适用范围

序号	种类		适用土类
1	泥浆护壁成孔	冲抓 冲击 回转钻	碎石土、砂土、黏性土及风化岩
		潜水钻	黏性土、淤泥、淤泥质土及砂土
2	干作业成孔	螺旋钻	地下水位以上的黏性土、砂土及人工填土
		钻孔扩底	地下水位以上的坚硬、硬塑的黏性土及中等以上砂土
		机动洛阳铲	地下水位以上的黏性土、黄土及人工填土
3	套管成孔	锤击、振动	可塑、软塑、流塑的黏性土，稍密及松散的砂土
4	爆扩成孔		地下水位以上的黏性土、黄土、碎石土及风化岩

成孔的控制深度按不同桩型采用不同标准控制。

(1) 摩擦型桩：摩擦桩应以设计桩长控制成孔深度；端承摩擦桩必须保证设计桩长及桩端进入持力层深度。当采用锤击沉管法成孔时，桩管入土深度控制应以标高为主，以贯入度控制为辅。

(2) 端承型桩：当采用钻 (冲)、挖掘成孔时，必须保证桩端进入持力层的设计深度；当采用锤击沉管法成孔时，桩管入土深度控制以贯入度为主，以控制标高为辅。

2. 钢筋笼制作

(1) 施工程序。主要施工程序：原材料报检→可焊性试验→焊接参数试验→设备检查→施工准备→台具模具制作→钢筋笼分节加工→声测管安制→钢筋笼底节吊放→第二节吊放→校正、焊接→最后节定位。

(2) 钢筋加工允许偏差。钢筋加工允许偏差和检验方法应符合表 5-3 的规定。

表5–3　钢筋加工允许偏差和检验方法

序号	名称	允许偏差 /mm		检验方法
		$L \leqslant 5000$	$L > 5000$	
1	受力钢筋全长	± 10	± 20	尺量
2	弯起钢筋的弯折位置	20		
3	箍筋内净尺寸	± 3		
注: L 为钢筋长度（mm）				

3. 泥浆护壁成孔灌注桩

泥浆护壁成孔灌注桩是利用泥浆护壁，钻孔时通过循环泥浆将钻头切削下的土渣排出孔外而成孔，而后吊放钢筋笼，水下灌注混凝土而成桩。宜用于地下水位以下的黏性土、粉土。

泥浆护壁成孔灌注桩的施工工艺流程如下：

测放桩点→埋设护筒→钻机就位→钻孔→注泥浆→排渣→清孔→吊放钢筋笼→插入混凝土导管→灌注混凝土→拔出导管。成孔机械有潜水钻机、冲击钻机、冲抓锥等。

(1) 测放桩点。平整清理好施工场地后，设置桩基轴线定位点和水准点，根据桩平面布置施工图，定出每根桩的位置，并做好标志。施工前，桩位要检查复核，以防因外界因素影响而造成偏移。

(2) 埋设护筒。护筒的作用：固定桩孔位置，防止地面水流入，保护孔口，增高桩孔内水压力、防止塌孔，成孔时引导钻头方向。

护筒用 4 ~ 8mm 厚钢板制成，内径比钻头直径大 100 ~ 200mm，顶面高出地面 0.4 ~ 0.6m，上部开 1 或 2 个溢浆孔。埋设护筒时，先挖去桩孔处表土，将护筒埋入土中，其埋设深度，在黏土中不宜小于 1m，在砂土中不宜小于 1.5m。其高度要满足孔内泥浆液面高度的要求，孔内泥浆面应保持高出地下水位 1m 以上。采用挖坑埋设时，坑的直径应比护筒外径大 0.8 ~ 1.0m。护筒中心与桩位中心线偏差不应大于 50mm，对位后应在护筒外侧填入黏土并分层夯实。

(3) 泥浆制备。泥浆的作用是护壁、携砂排土、切土润滑、冷却钻头，其中以护壁为主。

泥浆制备方法应根据土质条件确定：在黏土和粉质黏土中成孔时，可注入清水，以原土造浆，排渣泥浆的密度应控制在1.1～1.3g/cm^3；在其他土层中成孔，泥浆可选用高塑性的黏土或膨润土制备；在砂土和较厚夹砂层中成孔时，泥浆密度应控制在1.1～1.3g/cm^3；在穿过砂夹卵石层或容易塌孔的土层中成孔时，泥浆密度应控制在1.3～1.5g/cm^3。施工中应经常测定泥浆密度，并定期测定黏度、含砂率和胶体率。泥浆的控制指标为黏度18～22Pa·s、含砂率不大于8%、胶体率不小于90%，为了提高泥浆质量可加入外掺料，如增重剂、增黏剂、分散剂等。施工中废弃的泥浆、泥渣应按环保的有关规定处理。

（4）成孔方法。回转钻成孔是国内灌注桩施工中最常用的方法之一。按排渣方式不同，可分为正循环回转钻成孔和反循环回转钻成孔两种。

① 正循环回转钻机成孔。由钻机回转装置带动钻杆和钻头回转切削破碎岩土，由泥浆泵往钻杆输进泥浆，泥浆沿孔壁上升，从孔口溢浆孔溢出流入泥浆池，经沉淀处理返回循环池。正循环成孔泥浆的上返速度低，携带土粒直径小，排渣能力差，岩土重复破碎现象严重，适用于填土、淤泥、黏土、粉土、砂土等地层，对于卵砾石含量不大于15%、粒径小于10mm的部分砂卵砾石层和软质基岩及较硬基岩也可使用。桩孔直径不宜大于1000mm，钻孔深度不宜超过40m。一般砂土层用硬质合金钻头钻进时，转速取40～80r/min，较硬或非均质地层中转速可适当调慢，对于钢粒钻头钻进时，转速取50～120r/min，大桩取小值，小桩取大值；对于牙轮钻头钻进时，转速一般取60～180r/min，在松散地层中，应以冲洗液畅通和钻渣清除及时为前提，灵活确定钻压；在基岩中钻进时，可以通过配置加重钻铤或重块来提高钻压；对于硬质合金钻钻进成孔，钻压应根据地质条件、钻杆与桩孔的直径差、钻头形式、切削具数目、设备能力和钻具强度等因素综合确定。

② 反循环回转钻机成孔。由钻机回转装置带动钻杆和钻头回转切削破碎岩土，利用泵吸、气举、喷射等措施抽吸循环护壁泥浆，挟带钻渣从钻杆内腔抽吸出孔外的成孔方法。根据抽吸原理不同可分为泵吸反循环、气举反循环和喷射（射流）反循环三种施工工艺，泵吸反循环是直接利用砂石泵的抽吸作用使钻杆的水流上升而形成反循环；喷射反循环是利用射流泵射出的高速水流产生负压使钻杆内的水流上升而形成反循环；气举反循环是利用送入压缩空气使水循环，钻杆内水流上升速度与钻杆内外液柱重度差有关，随

孔深增大效率增加。当孔深小于50m时，宜选用泵吸或射流反循环；当孔深大于50m时，宜采用气举反循环。

(5) 清孔。当钻孔达到设计要求深度并经检查合格后，应立即进行清孔。目的是清除孔底沉渣以减少桩基的沉降量，提高承载能力，确保桩基质量。清孔方法有真空吸泥渣法、射水抽渣法、换浆法和掏渣法。

清孔应达到如下标准才算合格：一是对孔内排出或抽出的泥浆，用手摸捻应无粗粒感觉，孔底500mm以内的泥浆密度小于1.25g/cm（原土造浆的孔则应小于1.1g/cm³）；二是在浇筑混凝土前，孔底沉渣允许厚度符合标准规定，即端承型桩≤50mm，摩擦型桩≤100mm，抗拔抗水平桩≤200mm。

(6) 吊放钢筋笼。清孔后应立即安放钢筋笼。钢筋笼一般都在工地制作，制作时要求主筋环向均匀布置，箍筋直径及间距、主筋保护层、加劲箍的间距等均应符合设计要求。分段制作的钢筋笼，其接头采用焊接且应符合施工及验收规范的规定。钢筋笼主筋净距必须大于3倍的集料粒径，加劲箍宜设在主筋外侧，钢筋保护层厚度不应小于35mm（水下混凝土不得小于50mm）。可在主筋外侧安设钢筋定位器，以确保保护层厚度。为了防止钢筋笼变形，可在钢筋笼上每隔2m设置一道加强箍，并在钢筋笼内每隔3～4m装一个可拆卸的十字形临时加劲架，在吊放入孔后拆除。吊放钢筋笼时应保持垂直、缓缓放入，防止碰撞孔壁。

若造成塌孔或安放钢筋笼时间太长，应进行二次清孔后再浇筑混凝土。

(7) 浇筑混凝土。钢筋笼内插入混凝土导管（管内有射水装置），通过软管与高压泵连接，开动泵水即射出。射水后孔底的沉渣即悬浮于泥浆之中。停止射水后，应立即浇筑混凝土，随着混凝土不断增高，孔内沉渣将浮在混凝土上面，并同泥浆一同排回泥浆池内。水下浇筑混凝土应连续施工，开始灌注混凝土时，导管底部至孔底的距离宜为300～500mm；应有足够的混凝土储备量，导管一次埋入混凝土灌注面以下不应少于0.8m；导管埋入混凝土深度宜为2～6m，严禁将导管拔出混凝土灌注面，并应控制提拔导管速度，应有专人测量导管埋深及管内外混凝土灌注面的高差，填写水下混凝土灌注记录。应控制最后一次灌注量，超灌高度宜为0.8～1.0m，凿除泛浆后必须保证暴露的桩顶混凝土强度达到设计等级。

4. 干作业成孔灌注桩

干作业成孔灌注桩即不用泥浆或套管护壁措施而直接排出土成孔的灌注桩。这是在没有地下水的情况下进行施工的方法。目前干作业成孔的灌注桩常用的有螺旋钻孔灌注桩、螺旋钻孔扩孔灌注桩、机动洛阳铲挖孔灌注桩及人工挖孔灌注桩四种。这里介绍应用较为广泛的两种。

（1）螺旋钻孔扩孔灌注桩。螺旋钻孔扩孔灌注桩是适用于工业及民用建筑中地下水以上的一般黏土、砂土及人工填土地基螺旋成孔的灌注桩。

施工工艺流程：场地清理→测量放线、定桩位→钻孔机就位→钻孔取土成孔→成孔质量检查验收→清除孔底沉渣→吊放钢筋笼→浇筑孔内混凝土。

①测量放线、定桩位。根据图纸放出轴线及桩位点，抄上水平标高木橛，并经过预检签证。

② 钻孔机就位。钻孔机就位时，必须保持平稳，不发生倾斜、位移，为准确控制钻孔深度，应在机架上或机管上做出控制的标尺，以便在施工中进行观测、记录。

③ 钻孔。调直机架挺杆，对好桩位（用对位圈），开动机器钻进、出土，达到控制深度后停钻、提钻。

④ 检查成孔质量：

A. 钻深测定。用测深绳（锤）或手提灯测量孔深及虚土厚度。虚土厚度等于钻孔深的差值。虚土厚度一般不应超过 10cm。

B. 孔径控制。钻进遇有含石块较多的土层，或含水量较大的软塑黏土层时，必须防止钻杆晃动引起孔径扩大，致使孔壁附着扰动土和孔底增加回落土。

⑤ 孔底土清理。钻到预定的深度后，必须在孔底处进行空转清土，然后停止转动；提钻杆，不得曲转钻杆。孔底的虚土厚度超过质量标准时，要分析原因，采取措施进行处理。进钻过程中散落在地面上的土，必须随时清除运走。

经过成孔检查后，应填好桩孔施工记录。然后盖好孔口盖板，并要防止在盖板上行车或走人。最后移走钻机到下一桩位。

⑥ 吊放钢筋笼。钢筋笼放入前应先绑好砂浆垫块（或塑料卡）；吊放钢筋笼时，要对准孔位，吊直扶稳，缓慢下沉，避免碰撞孔壁。钢筋笼放到设计位置时，应立即固定。遇有两段钢筋笼连接时，应采取焊接，以确保钢筋

的位置正确，保护层厚度符合要求。

⑦ 浇筑混凝土：

A. 移走钻孔盖板，再次复查孔深、孔径、孔壁、垂直度及孔底虚土厚度。如果不符合质量标准要求时，应处理合格后，再进行下道工序。

B. 放溜筒浇筑混凝土。在放溜筒前应再次检查和测量钻孔内虚土厚度。浇筑混凝土时应连续进行，分层振捣密实。分层高度以捣固的工具而定，一般不得大于1.5m。

C. 混凝土浇筑到桩顶时，应适当超过桩顶设计标高，以保证在凿除浮浆后，桩顶标高符合设计要求。

D. 撤溜筒和桩顶插钢筋。混凝土浇筑到距桩顶1.5m时，可拔出溜筒，直接浇灌混凝土。桩顶上的钢筋插铁一定要保持垂直插入，有足够的保护层和锚固长度，防止插偏和插斜。

E. 混凝土的坍落度一般宜为8～10cm；为保证其和易性及坍落度，应注意调整砂率和掺入减水剂、粉煤灰等。

F. 同一配合比的试块，每班不得少于一组。在施工过程中，应注意以下事项：

a. 应保持钻杆垂直、位置正确，防止因钻杆晃动引起孔径扩大及增多孔底虚土。

b. 发现钻杆摇晃、移动、偏斜或难以钻进时，应提钻检查，排除障碍物，避免桩孔偏斜和钻具损坏。

c. 应随时清理孔口黏土，遇到地下水、塌孔、缩孔等异常情况，应停止钻孔，同有关单位研究处理。

d. 钻头进入硬土层时，易造成钻孔偏斜，可提起钻头上下反复钻几次，以便削去硬土。

e. 成孔达到设计深度后，应保护好孔口，按规定验收，并做好施工记录。

f. 孔底虚土尽可能清除干净，然后快吊放钢筋笼，并浇筑混凝土。

(2) 人工挖孔灌注桩。人工挖孔灌注桩是指采用人工挖掘方法进行成孔，在孔内安放钢筋笼，浇筑混凝土而成的桩。

人工挖孔灌注桩的施工工序：场地平整→测量放线→桩位布点→人工

成孔（包括孔桩护圈、护壁、挖土、控制垂直度、深度、直径、扩大头等）→浇灌护壁混凝土→检查成孔质量，会同各相关单位检验桩孔→绑扎、吊放钢筋笼→清除虚土、排除孔底积水→放入串筒，浇筑混凝土至设计顶标高并按规范要求超灌 500mm→养护→整桩测试。

① 场地的平整，放线、定桩位及高程。基础施工前，应将场地进行平整，对影响施工的障碍要清理干净。设备进场后，临时设施、施工用水、用电均应按要求施工到位。根据业主提供的水准点、控制点进行桩位测量放线。施工机具应经常保养，使之保持良好的工作状态。依据建筑物测量控制网资料和桩位平面布置图，测定桩位方格控制网和高程基准点，用十字交叉法定出孔桩中心。桩位应定位放样准确，在桩位外设置定位龙门桩，并派专人负责。以桩位中心为圆心，以桩身半径加护壁厚度为半径画出上部圆周，撒石灰线作为桩孔开挖尺寸线，桩位线定好后，经监理复查合格后方可开挖。

② 挖第一节桩孔土方。根据设计桩径及护壁厚度在地面上放出开挖线，采取由上至下分段开挖的方法，向下挖深一节护壁的深度。挖土时先挖中央柱体，周边少挖 2 ~ 3cm，每挖一段待自地面垂测桩位后，再自顶端向下削土，使之符合设计要求。

当桩净距小于 2.5m 时，应采用间隔开挖。相邻排桩跳挖的最小施工净距不得小于 4.5m。

③ 支模、浇灌第一节混凝土护壁。护壁制作包括支设护壁模板和浇筑护壁混凝土两个步骤，模板高度取决于开挖土方施工段的高度，一般为 1m。护壁混凝土起护壁和防水双重作用。混凝土护壁的厚度不应小于 100mm，混凝土强度不应低于桩身混凝土强度等级，并应振捣密实；护壁应配置直径不小于 8mm 的构造钢筋，竖向筋应上下搭接或拉接。

第一节井圈护壁的中心线与设计轴线的偏差不得大于 20mm；井圈顶面应高出场地 100 ~ 150mm，且应加厚 100 ~ 150mm。井圈高出地面还有利于防止地表水在施工过程中进入井内。

修筑钢筋混凝土井圈应保证护壁的配筋和混凝土浇筑强度。上下节护壁的搭接长度不得小于 50mm，每节护壁模板应在施工完后养护 24h 后拆除；发现护壁有蜂窝、漏水现象时，应及时补强以防造成事故。护壁应采用早强

的细石混凝土，施工时严禁用插入振动器振捣，以免影响模外的土体稳定。上下护壁间预埋纵向钢筋应加以连接，使之成为整体，确保各段连接处不漏水。

④ 重复 ②③ 步骤直至设计桩深。护壁混凝土达到一定强度后便可拆模，再挖下一段土方，然后继续支模、浇灌混凝土护壁，如此循环，直至挖至桩孔设计深度。在开挖过程中应该密切注意地质状况的变化。

正常情况下，每节护壁的高度在600 ~ 1000mm，如遇到软弱土层等特殊情况，可将高度减小到300 ~ 500mm。挖到持力层时，按扩底尺寸从上至下修成扩底形，并用中心线检查测量找圆，测孔深度，保证桩的垂直和断面尺寸合格。

⑤ 制作、吊装钢筋笼。钢筋笼按设计加工，主筋位置用钢筋定位支架控制等分距离。主筋间距允许偏差 ± 10mm；箍筋或螺旋筋螺距允许偏差 ± 20mm；钢筋笼直径允许偏差 ± 10mm；钢筋笼长度允许偏差 ± 50mm。钢筋笼的运输、吊装，应防止扭转变形，根据规定加焊内固定筋。钢筋笼放入前，应绑好砂浆垫块，吊放钢筋笼时，要对准孔位，直吊扶稳，缓慢下沉，避免碰撞孔壁。钢筋笼放到设计位置时，应立即固定，避免钢筋笼下沉或受混凝土浮力的影响而上浮。钢筋保护层用水泥砂浆块制作，当无混凝土护壁时严禁用黏土砖或短钢筋头代替（因砖吸水、短钢筋头锈蚀后会引起钢筋笼锈蚀的连锁反应）。垫块每1.5 ~ 2m一组，每组3个，圆周上相距120°，每组之间呈梅花形布置。保护层的允许偏差为 ± 10mm。

⑥ 浇捣混凝土。浇灌混凝土前须清除孔底沉渣、积水，并应进行隐蔽工程验收。验收合格后，应立即封底和灌注桩身混凝土。

灌注桩身混凝土时，混凝土必须通过溜槽；当落距超过3m时，应采用串筒，串筒末端距孔底高度不宜大于2m；也可采用导管泵送；混凝土宜采用插入式振捣器振实。

5. 套管成孔灌注桩

套管成孔灌注桩是利用锤击打桩法或振动沉桩法，将带有活瓣式桩靴或带有预制混凝土桩靴的钢套管沉入土中，然后边拔套管边灌注混凝土而成。若配有钢筋时，则在浇筑混凝土前先吊放钢筋骨架。

利用锤击沉桩设备沉管、拔管，称为锤击沉管灌注桩；利用激振器的振

动沉管、拔管，称为振动沉管灌注桩。

（1）锤击沉管灌注桩。锤击沉管灌注桩的机械设备由桩管、桩锤、桩架、卷扬机滑轮组、行走机构组成。锤击沉管灌注桩适用于一般黏性土、淤泥质土、砂土和人工填土地基，但不能在密实的砂砾石、漂石层中使用。其施工程序一般为：定位埋设混凝土预制桩尖→桩机就位→锤击沉管→灌注混凝土→边拔管、边锤击、边继续灌注混凝土（中间插入吊放钢筋笼）→成桩。

施工时，用桩架吊起钢桩管，对准埋好的预制钢筋混凝土桩尖。桩管与桩尖连接处要垫以麻袋、草绳，以防地下水渗入管内。缓缓放下桩管，套入桩尖压进土中，桩管上端扣上桩帽，检查桩管与桩锤是否在同一垂直线上，桩管垂直度偏差≤0.5%时即可锤击沉管。先用低锤轻击，观察无偏移后再正常施打，直至符合设计要求的沉桩标高，并检查管内有无泥浆或进水，即可浇筑混凝土。管内混凝土应尽量灌满，然后开始拔管。凡灌注配有不到孔底的钢筋笼的桩身混凝土时，第一次混凝土应先灌至笼底标高，然后放置钢筋笼，再灌混凝土至桩顶标高。第一次拔管高度应控制在能容纳第二次所需灌入的混凝土量为限，不宜拔得过高。在拔管过程中应用专用测锤或浮标检查混凝土面的下降情况。

锤击沉管桩混凝土强度等级不得低于C20，每立方米混凝土的水泥用量不宜少于300kg。混凝土坍落度在配钢筋时宜为80～100mm，无筋时宜为60～80mm。碎石粒径在配有钢筋时不大于25mm，无筋时不大于40mm。预制钢筋混凝土桩尖的强度等级不得低于C30。混凝土充盈系数（实际灌注混凝土体积与按设计桩身直径计算体积之比）不得小于1.0，成桩后的桩身混凝土顶面标高应至少高出设计标高500mm。

（2）振动沉管灌注桩。振动沉管灌注桩是利用振动桩锤（又称激振器）、振动冲击锤将桩管沉入土中，然后灌注混凝土而成。这两种灌注桩与锤击沉管灌注桩相比，更适合于稍密及中密的砂土地基施工。振动沉管灌注桩和振动冲击沉管桩的施工工艺完全相同，只是前者用振动锤沉桩，后者用振动带冲击的桩锤沉桩。

振动灌注桩可采用单打法、反插法或复打法施工。

单打法是一般正常的沉管方法，它是将桩管沉入设计要求的深度后，边灌混凝土边拔管，最后成桩。适用于含水量较小的土层，且宜采用预制

桩尖。桩内灌满混凝土后，应先振动 5 ~ 10s，再开始拔管，边振边拔，每拔 0.5 ~ 1.0m 停拔振动 5 ~ 10s，如此反复进行，直至桩管全部拔出。拔管速度在一般土层内宜为 1.2 ~ 1.5m/min，用活瓣桩尖时宜慢，预制桩尖可适当加快，在软弱土层中拔管速度宜为 0.6 ~ 0.8m/min。

反插法是在拔管过程中边振边拔，每次拔管 0.5 ~ 1.0m，再向下反插 0.3 ~ 0.5m，如此反复并保持振动，直至桩管全部拔出。在桩尖处 1.5m 范围内，宜多次反插以扩大桩的局部断面。穿过淤泥夹层时，应放慢拔管速度，并减少拔管高度和反插深度。在流动性淤泥中不宜使用反插法。

复打法是在单打法施工完拔出桩管后，立即在原桩位再放置第二个桩尖，再第二次下沉桩管，将原桩位未凝结的混凝土向四周土中挤压，扩大桩径，然后再第二次灌混凝土和拔管。采用全长复打的目的是提高桩的承载力。局部复打主要是为了处理沉桩过程中所出现的质量缺陷，如发现或怀疑出现缩颈、断桩等缺陷，局部复打深度应超过断桩或缩颈区 1m 以上。复打必须在第一次灌注的混凝土初凝之前完成。

6. 爆扩成孔灌注桩

爆扩成孔灌注桩（简称爆扩桩），是用钻孔或爆扩法成孔，孔底放入炸药，再灌入适量的混凝土，然后引爆，使孔底形成扩大头，此时，孔内混凝土落入孔底空腔内，再放置钢筋骨架，浇筑桩身混凝土而制成的灌注桩。爆扩灌注桩施工工艺流程如下：

（1）采用钻机成孔，钻机就位应垂直平稳，钻头应对准桩位中心，然后钻孔、清孔。

（2）采用爆扩成孔，先在桩位用手钻、钢钎或洛阳铲打导孔，然后放入条形硝化炸药管（药包）爆扩成孔。

（3）成孔后应检查桩孔直径及垂直度是否符合要求。桩孔深度应达到设计要求标高和土层，并在孔口加盖，防止松土回落孔中。

（4）扩大头药包用药量应根据爆扩试验确定。称量误差不得超过 1%。

（5）扩大头药包宜用塑料薄膜包装，做成近似球形，使能防潮防水。每个药包内放两个电雷管，用并联方法与引爆线连接，药包用绳子吊放于孔底中心，药包表面覆盖 150 ~ 200mm 厚的砂子固定，以稳住药包位置，避免受混凝土的冲击砸破。

(6) 药包安放在孔底后，经检验引爆线路完好，即可浇筑混凝土。第一次浇灌混凝土的坍落度，在一般胶黏性土中宜为10～12cm；在湿陷性黄土中宜为16～18cm；在人工填土中宜为12～l4cm。浇灌量不宜超过扩大头体积的50%，或2～3m桩孔深。开始时应缓慢灌入，以免砸坏药包，并应防止导线被混凝土砸断。

(7) 当桩距大于或等于1.5倍扩大头直径时，药包引爆可逐个进行；当桩距小于扩大头直径的1.5倍时，应同时引爆；相邻爆扩桩的扩大头不在同一标高时，引爆的顺序应先浅后深。

(8) 从浇灌混凝土开始至引爆时的间隙时间，不宜超过30min，以免出现"拒落"事故。

(9) 引爆后混凝土自由坍落至因爆破作用形成的球形孔穴中，并用软轴线接长的插入式振动器将扩大头底部混凝土振捣密实。接着放置钢筋骨架，放置时应对准桩孔徐徐放下，防止孔壁泥土掉入混凝土中。待就位后，应采取可靠措施将钢筋笼固定，方可继续浇灌混凝土。

(10) 第二次浇灌混凝土的坍落度为8～12cm，浇灌时应分层浇灌和分层振捣，每次厚度不宜超过1m，并应一次浇筑完毕，不得留施工缝。

(11) 爆扩时如药包"拒爆"，应由专职人员进行检查，并设法诱爆，或采取措施破坏药包。引爆后如混凝土"拒落"，应使用振动棒强力振捣，使混凝土下落，或用钻孔机将混凝土钻出。如因某种原因，混凝土已超过初凝时间，可在拒落桩旁补打一根新桩孔，放上等量药包，通过引爆形成新的爆扩桩。

第六章　混凝土工程施工实践

第一节　混凝土原材料与检验

混凝土是指用水泥、骨料（砂、石）、水及外加剂，按一定比例配制，经搅拌，成型养护而得的人造石材。普通混凝土是一种原材料来源广泛，施工便利，并且具有良好力学性能、耐久性及其他一些物理性能的建筑材料，被广泛地用于建筑领域的各个方面。下面主要介绍一下混凝土原材料及主要材料（水泥、砂、石）的检验。

一、混凝土原材料

（1）水泥是指加水拌和后成塑性浆体，砂能胶结砂石等适当材料，既能在空气中硬化，又能在水中硬化的粉状水硬性胶凝材料，是各种类型材料的总称。

（2）骨料是混凝土的主要组成材料，占混凝土总体积的3/4以上。混凝土的很多物理特性取决于骨料特性，如弹性模量、线膨胀系数等。一般把0.16 ~ 5mm粒径的骨料称为细骨料；把大于5mm粒径的骨料称为粗骨料。

常用细骨料有天然砂和人工砂。砂的主要品质指标有：碱活性、表观密度、细度模数、坚固性、有机质含量、含泥量、泥块含量。

粗骨料也可分为人工碎石骨料和天然骨料（卵石）。从颗粒级配分，可分为连续级配骨料和间断级配骨料。粗骨料的最大粒径，不大于钢筋净间距的2/3，小于构件断面最小边长的1/4，小于素混凝土板厚的1/2。

碎（卵）石的主要品质指标有：碱活性、颗粒级配、表观密度、吸水率、含泥量、泥块含量、针片状颗粒含量、超逊径颗粒含量、压碎指标、坚固性、有机质含量、软弱颗粒含量。

（3）一般符合国家标准的生活饮用水，可直接用于拌制各种混凝土。地

表水和地下水应按有关标准进行检验后方可进行首次使用。

海水可用于拌制素混凝土，但不得用于拌制钢筋混凝土和预应力混凝土。有饰面要求的混凝土也不能用海水拌制。

二、砂的检验

(一) 砂子的质量要求

砂在建筑工程和预制构件的生产中，是组成混凝土和砂浆的主要材料。在混凝土中，它不但能填充石子间的空隙，形成界面水泥砂浆层，还能降低水泥的水化热，在砂浆中起到一定的润滑作用。从全国各地的资源分布来看，主要有河砂、海砂、山砂。河砂颗粒圆滑，比较洁净，质量优于海砂和山砂，并且分布较广，是建筑工程和预制构件生产应用最多的一种材料。但是各种砂里均含有不同的有害杂质，因此，就应通过质量检验，使之达到标准规定的质量指标，保证配制的混凝土和砂浆符合质量要求。

1. 颗粒级配

在混凝土的拌和物中，必须有足够的水泥砂浆来包裹石子颗粒表面，并填实石子颗粒间的空隙。为了节约水泥和增加混凝土的密实度，就要减少砂子的总表面积及空隙率。但不论何种砂，在相同的质量条件下，粗砂的颗粒数量少，总表面积较小；反之，细砂的颗粒数量多，总表面积就较大。成功的经验告诉我们，在配制混凝土时，单一粒径的砂空隙大，两种粒径颗粒的砂掺用，空隙减小，多种粒径的砂互相搭配，空隙会更小。由此可见，为了节省水泥，提高混凝土的密实性，就必须将大小不同的砂粒配合使用。这就是用筛分析法，来确定砂粒的粗细程度和砂粒间的级配。

筛分析法中，是按 0.63mm 筛孔的累计筛余重量的百分率，来确定砂的三个颗粒级配区。

2. 砂的细度模数

通过砂筛分试验后，就可根据计算结果得出砂的细度模数。

配制混凝土和砂浆时，宜优先选用Ⅱ区砂；当采用Ⅰ区砂时，就提高砂率，并保持足够的水泥用量，以满足混凝土和砂浆的和易性；当采用Ⅲ区砂时，应适当降低砂率，以保证混凝土的强度。

对于泵送混凝土用砂，宜选用细度模数为3.0～2.3的中砂。

3. 砂中的含泥量和泥块含量

砂中的含泥量是指砂粒径小于0.08mm的尘屑；泥块的含量是指成团的淤泥和黏土块。这类泥土杂质，对混凝土拌和物的和易性、硬化混凝土的抗冻、抗渗和收缩等性能均有一定的影响，并且对高强度混凝土的影响更大。因此，必须对砂中的含泥量和泥块含量加以控制。

对于抗冻、抗渗或其他特殊要求的混凝土用砂，砂中的含泥量应不大于3.0%；泥块含量不大于1.0%。

对于C10及C10以下的混凝土用砂，应根据水泥强度等级、含泥量和泥块含量适当放宽。

4. 砂的坚固性

用硫酸钠溶液检验，试样经5次循环后，重要损失应符合表6-1的规定。

表6–1　砂的坚固性指标

混凝土所处的环境	循环后的重量损失 /%
在严寒和寒冷地区室外使用并经常处于干湿交替或潮湿状态下的混凝土	≤ 8
其他条件下的混凝土	≤ 10

5. 砂中有害物的含量标准

砂中的有害物含量，当超过标准要求时，它不但会影响混凝土和砂浆的耐久性和强度，而且一些有机物、硫化物及硫酸盐还会对水泥有腐蚀作用。所以有害物的含量应符合表6-2的规定。

表6–2　砂中有害物含量限值

项目	质量指标
云母含量	≤ 2.0
轻物质含量	≤ 1.0
硫化物、硫酸盐含量	≤ 1.0
有机物含量	颜色不应深于标准色，如深于标准色，则应按水泥胶砂浆强度试验方法进行强度对比实验，抗压强度比不应低于0.95

(二) 砂子检验取样方法

1. 验收批的确定

质量检查员在施工现场进行质量管理活动时，应按照实际用砂的数量，结合下列验收规定对进场的砂进行质量检验。

(1) 施工单位 (包括各类建筑工程、预制构件企业、商品混凝土搅拌站) 所用的砂，应有供货单位提供的砂合格证或质监部门材料试验单位出具的质量检验报告，并按同一产地、同一规格的砂分批验收。

(2) 用大型运输工具 (载重在 5t 以上的汽车、货船、火车) 运输的，以 $400m^3$ 或 600t 为一验收批；用小型运输工具运输的，以 $200m^3$ 或 300t 为一验收批。

如使用量不足上述数量者也以一批确定。

2. 取样方法

每一验收批的取样方法应按下列规定执行。

(1) 在料堆上取样时，取样部位应均匀分布。取样前先将取样部位表面铲除，然后由各部位抽取大致相等的砂共 8 份，组成一组样品。

(2) 从皮带运输机上取样时，应在皮带运输机机尾的出料处用接料器定时抽取砂 4 份组成一组样品。

(3) 从大型运输工具上直接取样时，应从不同的部位和深度抽取大致相等的砂 8 份，组成一组样品。

(4) 若检验不合格时，应重新取样检验。对不合格项应进行加倍检验。重新取样应加倍，试验后仍有一试样不满足质量要求的，按不合格处理。

(5) 取样可由施工单位质检员或材料试验单位的材料试验人员进行。当配制的混凝土有特殊要求的，则由试验员直接取样。

3. 样品的缩分

砂的样品缩分可用下列两种方法中的一种。

(1) 将样品在潮湿状态下拌和均匀，然后使样品通过分料器，直到把样品缩分到试验所需数量为止。

(2) 人工缩分。将所取每级样品放于平板之上，在潮湿状态下拌和均匀，并堆成厚度为 20mm 的圆饼状；然后沿砂饼上面互相垂直的两条直径把砂饼

分成大致相等的4份，取其对角的两份重新拌匀；重复上述过程，直到缩分后的砂量符合试验项所需数量为止。

（三）砂子的质量检验方法

1. 砂子的筛分试验法

本法主要测定砂的颗料级配和细度模数。

（1）砂试样的制备。将砂样按缩分法进行缩分，再将缩分后的砂样筛除大于10mm的颗粒，然后称取不少于550g的试样两份，分别装入两个浅盘并放入烘箱中。将烘箱中温度调整到（105±5）℃，烘干至恒重，取出冷却至室温备用。

（2）试验步骤。准确称取烘干试样500g，置于按筛孔大小顺序排列的套筛最上一个5mm的筛孔上，将套筛装入摇筛机固紧，筛分时间为10min；然后取出套筛，再按筛孔大小顺序，在洁净的浅盘上逐个进行手筛，直到每个筛全部筛完为止。在进行手筛时，直到每分钟筛出量不超过试样总量的0.1%时为止，并将筛下的砂粒装入下号筛中。

（3）筛分析试验结果计算：

① 计算各筛的分析筛余百分率（精确至0.1%）。

② 计算累计筛余百分率（精确至1%）。

③ 根据各筛的累计筛余百分率或0.63mm筛上的累计百分率评定该砂样或该批砂的颗粒级配的所属区。

因筛分试验是采用两个试样平行试验，所以试验的细度模数应以两次结果的算术平均值作为测定值（精确至0.1）。如果两次试验所得的细度模数之差大于0.2时，应重新取样试验。

2. 砂的表观密度计算

（1）试样制备。将缩分至650g左右的试样在温度为（105±5）℃的烘箱中烘干至恒重，并在干燥箱内冷却至室温。

（2）试验步骤：

① 称取烘干的试样300g，装入盛有半瓶冷开水的容量瓶中。

② 摇转容量瓶，使试样在水中充分搅动以排除气泡，塞紧瓶塞，静置24h左右。然后用滴管添水，使水量与瓶颈刻度线平齐，再塞紧瓶塞，擦干

瓶外水分，称其重量。

③ 倒出瓶中的水和试样，将瓶的内外表面洗净，再向瓶内注入冷开水至瓶颈刻度线，但加的冷开水温度应在第一次水温的 ±2℃的范围内。塞紧瓶塞，称其重量。

以两次试验结果的算术平均值作为测定值，如两次结果之差大于20kg/m³时，应重新试验。

3. 砂的含水率确定

由样品中各取两份重约500g的试样，分别放入已知重量的干燥容器中称量，记下每盘试样与容器的共重。将容器连同试样放入温度为（105±5）℃的烘箱中烘至恒重，称其烘干后的试样与容器的总重。

以两次试验结果的平均值作为测定值。

4. 砂的含泥量试验

（1）试样制备。将样品在潮湿状态下用四分法缩至约1100g，置于温度为（105±5）℃的烘箱中烘干至恒重，冷却至室温后，立即称取各为400g的试样两份备用。

（2）试验步骤：

① 取烘干的试样一份置于容器中，并注入饮用水，使水面高出砂面约150mm，充分拌混均匀后，浸泡2h，然后用手在水中淘洗砂样，使泥尘与砂粒分离，并使之悬浮或溶于水中，缓慢地将混浊液倒入上边为1.25mm、下边为0.08mm的套筛上，滤去小于0.08mm的颗粒。但应注意，在整个试验过程中应避免砂粒丢失。

② 再次加水，重复上述过程，直到容器内洗出的水清澈为止。

③ 将留在1.25mm和0.08mm筛上的细颗粒用水冲洗、充分清除小于0.08mm的颗粒。然后将容器中和两只筛中的砂样一并装盘，置于（105±5）℃的烘箱内烘干至恒重，取出冷却至室温后，称试样的重量。以两次试验结果的平均值作为测定值。

三、石子的质量检验

(一) 石子的质量要求

1. 颗粒级配

石子颗粒并不都是相等的粒径和相同的粒形。它是由大大小小和形状不同的颗粒组成的。石子颗粒级配的优劣，不仅影响混凝土的技术性能，也会影响水泥用量。碎石和卵石共分六种连续粒级及五种单粒级的石子级配。当石子的自然级配经试验后，不能满足级配要求的，应进行人工调整来改变自然级配，以保证混凝土的质量指标和满足工程结构的要求。

2. 石子中的针、片状颗粒含量

石子的针、片状颗粒：石子颗粒的长度大于该颗粒所属粒级的平均粒径的 2.4 倍者称为针状颗粒；当石子厚度小于平均粒径的 0.4 倍者称为片状颗粒。平均粒径是指该粒级上下限粒径的平均值。根据经验，针、片状颗粒主要在 40mm 以下的碎石中分布较广，尤其是用变质岩中的板岩粉碎的石子，针、片状颗粒最多。

针、片状颗粒对混凝土的拌和物和易性有着明显的影响，并且对高强度等级的混凝土和干硬性混凝土影响更大。当针、片状颗粒含量达到 25% 时，高强度等级的混凝土坍落度约减少 12mm，而中、低强度等级的则减少 5 ~ 6mm；并且高含量的针、片状石子颗粒还会对混凝土强度造成一定的影响。

3. 石子中的含泥量和泥块含量

在碎石中，主要含有非黏性的石粉；卵石子的含泥量和河卵石中的泥块含量较多。对有抗冻、抗渗或其他特殊要求的混凝土，石子中的含泥量不应大于 1.0%；泥块的含量不应大于 0.5%。

(二) 石子验收批的确定

(1) 供货单位应向购货单位提供石子合格证及质量检验报告。

(2) 购货单位应按同产地、同规格石子分批验收。用大型工具运输的，以 400m^3 或 600t 为一验收批；用小型工具运输的，以 200m^3 或 300t 为一验收批。不足上述数量者以一验收批计。

（三）石子的取样与缩分

（1）在料堆上取样时，取样部位应均匀。取样前先将取样部位表面铲除，然后由各部位抽取大致相等的石子 15 份组成一组样品。

（2）从皮带运输机上取样时，应在皮带运输机尾的出料处用接料器定时抽取 8 份石子，组成一组样品。

（3）从火车、货船、汽车上取样时，应从不同部位和深度抽取大致相等的石子 16 份，组成一组样品。

（4）若检验不合格时，应重新取样，对不合格项进行加倍复验，若仍有个别试样不能满足标准要求的，按不合格品处理。

（四）石子质量检验方法

这里只对常用的几种方法进行介绍，当对石子做其他项目试验时，可按《普通混凝土用砂、石质量及检验方法标准》（JGJ 52—2006）的规定进行。

1. 石子的筛分析试验

（1）试样制备：试验前用四分法将样品缩分至略重于本试验所规定的试样所需量，烘干或风干后备用。

（2）试验步骤：将试样按筛孔大小（大孔在上、小孔在下）顺序过筛，当每号筛上筛余层的厚度大于试样的最大粒径值时，应将该号筛上的筛余分成两份，再次进行筛分，直到每分钟的筛出量不超过试样总量的 0.1% 时为止；称取各筛筛余试样的重量（精确至试样总重量的 0.1%）。在筛上所有分计筛余量和筛底剩余量的总和与筛分前的试样总量相比，其相差不得超过 1%。

（3）筛分析试验结果应按下列步骤计算：

① 由各筛上的筛余量除以试样总量计算得出该号筛的分计筛余百分率，精确至 0.1%；

② 每号筛计算得出的分计筛余百分率与大于该筛筛号各筛的分计筛余百分率相加，精确至 1%；

③ 根据各筛的累计筛余百分率评定该试样的颗粒级配。

2. 石子的表观密度试验（简易方法）

（1）试样制备：试验前，将样品筛去 5mm 以下的颗粒，用四分法缩分至

不少于2000g，洗刷干净后分成两份备用。

(2) 表观密度试验所需的试样最小质量如表6-3所示。

表6-3　表观密度试验所需的试样最小质量

最大粒径（mm）	10	16	20	31.5	40	63	80
试样最小质量/kg	2	2	2	3	3	4	6

(3) 试验步骤：① 按规定的数量称取试样；② 将试样浸水饱和，然后装入广口瓶中。装试样时，广口瓶应倾斜放置，注入饮用水，用玻璃片覆盖瓶口，以上下左右摇晃的方法排除气泡；③ 气泡排尽后，向瓶中添加饮用水至水面凸出瓶口边缘，然后用玻璃片沿瓶口迅速滑行，使其紧贴瓶口水面。擦干瓶外水分后，称取试样、水、瓶和玻璃片总重量；④ 将瓶中的试样倒入浅盘中，放在100℃～110℃的烘箱中烘干至恒重。取出，放在带盖的容器中冷却至室温后称重；⑤ 将瓶洗净，重新注入饮用水，用玻璃片紧贴瓶口水面，擦干瓶外水分后称重，然后进行计算。

3. 碎石或卵石的堆积密度试验

(1) 试样制备：试验前，取重量约等于规定的试样放入浅盘，在100℃～110℃的烘箱中烘干，也可摊在清洁的地面上风干，拌匀后分成两份备用。

(2) 试验步骤：取试样一份，置于平整干净的地板（或铁板）上，用平头铁锹铲起试样，使石子自由落入容量筒内。此时，从铁锹的齐口至容量筒上口的距离应保持在50mm左右。装满容量筒并除去凸出筒口表面的颗粒，并以合适的颗粒填入凹陷部分，使表面稍凸起部分和凹陷部分的体积大致相等，称取试样和容量筒共重，然后进行计算。

4. 碎石或卵石的含泥量试验

(1) 试样制备：试验前，将来样用四分法缩分至规定的量（见表6-4，注意防止细粉丢失），并置于温度为100℃～110℃的烘箱内烘干至恒重，冷却至室温后分成两份备用。

表6-4　含泥量试验所需的试样最小重量

最大粒径（mm）	10	16	20	25	31.5	40	63	80
试样量不少于/kg	2	2	6	6	10	10	20	20

(2) 试验步骤：取试样一份置于容器中摊平，注入饮用水，使水面高出石子表面约 150mm；然后用手在水中淘洗试样，使尘屑、淤泥和黏土与较粗颗粒分离，并使之悬浮或溶于水中。缓缓地将混浊液倒入 1.25mm 及 0.08mm 的套筛上（1.25mm 筛放置上面），滤去小于 0.08mm 的颗粒。试验前筛的两面应先用水润湿，在整个试验过程中，应注意避免大于 0.08mm 的颗粒丢失。再次加水于容器中，重复上述过程，直到洗出的水清澈为止。用水冲洗剩留在筛上的细粒，并将 0.08mm 筛放在水中来回摇动，(使水面略高出筛内颗粒) 以充分洗除小于 0.08mm 的颗粒。然后将两只筛上残留的颗粒和筒中已经洗净的试样一并装入浅盘，置于温度为 100℃ ~ 110℃的烘箱中烘干至恒重。取出来冷却至室温后，称试样的重量。然后进行计算。

四、水泥质量检验方法

水泥在建筑工程和预制构件生产及商品混凝土生产中，是最常用的一种水硬性胶凝材料。由于水泥品种和水泥强度等级的多样化，水泥的性能和技术要求又有较大的差异，应用的环境条件又有不同的要求，所以，在使用的过程中，水泥质量的优劣，将对混凝土和砂浆的质量特性产生重要影响。因此，质量检查员应严格地按照验评标准的要求，对水泥质量进行检验。要求水泥不但应有水泥生产单位的出厂合格证，还必须经质量检验合格后方可使用。

(一) 通用水泥的主要性能

(1) 硅酸盐水泥。它是由硅酸盐水泥熟料 0 ~ 5% 石灰石或粒化高炉矿渣及适量石膏磨细而制成的水硬性胶凝材料。

硅酸盐水泥凝结时间短，水化时放热集中，并且快硬、早强，其硬化速度和早期强度较高，而且抗冻性好，耐磨能力强。但水化热较大，对外加剂的作用比较敏感。

(2) 普通硅酸盐水泥。这种水泥是在硅酸盐水泥熟料中加入 6% ~ 15% 的混合材料及适量石膏磨细而成。

普通硅酸盐水泥同硅酸盐水泥相比，早期强度增进率稍有减少；抗冻、耐磨性稍差；低温凝结时间稍有延长；抗硫酸盐侵蚀能力有所增强。

(3) 矿渣硅酸盐水泥。由硅酸盐水泥熟料和粒化高炉矿渣及适量石膏磨细而成。所掺入的粒化高炉矿渣，按重量计为20%~70%。

这种水泥凝结时间长，早期强度低，后期强度高；水化热低；抗硫酸盐侵蚀性好；但其保水性、抗冻性差。

(4) 火山质硅酸盐水泥。这种水泥是在硅酸盐水泥熟料和火山质混合材料中加入适量石膏磨细而成。水泥中火山灰质混合材料掺量按重量百分比计为20%~50%。

该水泥具有较强的抗硫酸盐侵蚀能力和保水性及水化热低等优点；但需水量大、低温凝结慢、干缩性大、抗冻性差。

(5) 粉煤灰硅酸盐水泥。在硅酸盐熟料中掺入0~40%粉煤灰及适量石膏磨细而成的水硬性胶凝材料。

此种水泥性能与火山质水泥基本接近，但粉煤灰水泥的早期强度发展较慢、需水性弱。

(二) 水泥质量检验 (复验) 方法

1. 水泥的取样及一般规定

(1) 取样规则：

① 散装水泥。对同一水泥厂生产的同期出厂的同品种、同强度等级的水泥，以一次进入使用场地的同一出厂编号的水泥为一批，且一批的总量不超过500t。随机从三个罐车中采取等量的水泥，经混拌均匀后称取不少于12kg。

② 袋装水泥。对同一水泥厂生产的同期出厂的同品种、同强度等级的水泥，以一次进入使用场地的同一出厂编号为一批，且一批的总量不得超过100t，取样时可从20以上个不同部位取等量样品，使样品具有一定的代表性，取样的总数应不少于12kg。

③ 将水泥试样等分为两份，一份用于检验，另一份密封保存三个月，以备复查使用。

(2) 一般规定：

① 水泥试样应充分搅拌均匀后，通过0.08mm方孔筛，并记录其筛余量。

② 进行水泥试验时，试验室温度应为17℃ ~ 25℃，相对湿度应大于50%。养护箱温度为(20 ± 3)℃，相对湿度应大于90%。

③ 水泥试样、标准砂、拌和用水及试模的温度均与室温相同。

④ 标准砂的质量应符合现行国家标准规定。

2. 水泥标准稠度用水量、凝结时间、安定性试验方法

进行上述内容试验时，所用的检验仪器应符合其相应标准的要求。

(1) 标准稠度用水量的测定。标准稠度用水量的测定，可用调整水量和不变水量两种方法之一，如发生争议时应以调整水量方法为准。

① 水泥净浆的拌制：将称好的500g 水泥试样倒入净浆搅拌机的搅拌锅内，开动机器，同时徐徐加入拌和水，慢速搅拌120s，停拌15s，接着快速搅拌120s 停机。

当采用调整水量法时，按经验用拌和水；采用不变水量法，拌和用水量为142.5mL。

② 标准稠度的测定：拌和结束后，立即将拌好的净浆装入锥模中，用小刀插捣、振动多次，刮去多余净浆，抹平后，迅速放到试锥下面固定位置上，将试锥降至净浆表面刚刚接触时拧紧螺栓，然后突然放松螺栓，让试锥自由沉入净浆中。到试锥停止下沉时记录试锥下沉深度。全部操作应在搅拌后1.5min 内完成。

(2) 凝结时间的测定：

① 试件的制备：将制成的标准稠度净浆立即一次装入试模，振动数次后沿上面刮平，然后放入湿气养护箱内。记录以标准稠度用水量加水时的时间，作为凝结时间的起始时间。

② 凝结时间的测定：试件在湿气养护箱内养护至加水后30min 时进行第一次测定。测定时，从养护箱内取出试模放到试针下，使试针与净浆表面接触，拧紧螺栓，1 ~ 2s 后突然放松，使试针自由地沉入试模净浆中，观察试针停止下沉时的读数。当试针沉至距底板3mm 时，即为水泥达到初凝状态；当下沉不超过1 ~ 0.5mm 时为水泥达到终凝状态。这时的时间即为水泥的初凝及终凝时间。

但应注意，当临近初凝时，每隔15min 测一次。到达初凝和终凝时应立即重复测一次，当两次的结论相同时才能定为凝结状态的时间。

(3) 安定性的测定。安定性的测定可采用试饼和雷氏法两种方法之一。当有争议时应以雷氏法为准。

①试件的制备：采用试饼时，将制好的水泥净浆取出一部分分成两等份，使之呈球形，放在平板玻璃上，轻轻振动玻璃板，并用小刀由边缘向中央抹动，做成直径为70～80mm，中心厚约10mm的边缘渐薄、表面光滑的圆饼，接着将试饼放进养护箱内养护(24±2) h。

采用雷氏法时，将雷氏夹放在已擦有微油的平板玻璃上，并立即将已制好的标准稠度净浆装入雷氏夹。装夹时一只手轻轻扶雷氏夹，另一只手用宽约10mm的小刀插捣15次左右，然后抹平，盖上涂有微油层的玻璃板，接着立即将雷氏夹移至养护箱内养护(24±2) h。

②沸煮：

A. 调整好沸煮箱内的水位，保证其在整个沸煮过程中都能淹没试件，同时又能保证在(30±5) min内升至沸腾，在此过程中不增添试验用水。

B. 脱去玻璃板检查试饼和测量雷氏夹指针尖端距离(精确至0.5mm)。

当为试饼时，如试饼在养护过程中已开裂、翘曲，已属不合格，也就无须煮沸。在试饼无缺陷的情况下，将试饼放在沸煮箱水中的箅板上，然后合上电闸加热，并应在30±5min内加热至沸，并恒沸3h±5min。

当为雷氏法时，应测量两指针尖端距离A，接着将雷氏夹指针向上放入沸煮箱水中的箅板上，试件之间互不交叉，然后在(30±5) min内加热至沸，并恒沸3h±5min。

③结果判别：沸煮结束后，关闭电源，放出箱中的热水，打开箱盖，待箱体冷却至室温后，取出试件进行判别。

当为试饼时，目测未发现龟裂、龟射线，用直尺检查或放在玻璃板上没有翘曲的，则安定性为合格，反之为不合格。

若为雷氏法时，量测沸煮后两指针尖端的距离，记录至小数点后一位，当两个试件沸煮后增加距离的平均值不大于5.0mm时，水泥安定性为合格；当两个试件的值相差超过4mm时，则应用同一样品水泥重做试验。

3. 水泥胶砂强度检验方法

检验水泥胶砂强度的设备、仪器应符合有关标准的规定。

(1) 试件的成型:

① 按规定的试验条件称量水泥、标准砂和洁净的饮用水。水泥与标准砂的重量比为1∶2.5。水灰比按同种水泥固定。硅酸盐水泥、普通水泥、矿渣水泥为0.44；火山灰和粉煤灰水泥为0.46。

② 将称好的水泥与标准砂倒入胶砂搅拌机的搅拌锅内，开动搅拌机，拌和5s徐徐加水，20～30s加完。自开动搅拌机起，搅拌（180±5）s停止搅拌，刮下搅拌叶片上的胶砂，取下搅拌锅。

③ 将搅拌的胶砂全部装入已固定在振动台台面中心的下料斗试模中，开动振动台，胶砂通过下料斗流入试模，这时的下料时间应控制在20～40s内，振动（120±5）s停振。

④ 从振动台上取下试模，用刮平刀轻轻刮去高出试模的胶砂并抹平。接着在试件上编号。

(2) 养护。试件编号后，将试件放入养护箱养护（24±3）h后取出脱模，脱模时应防止试件损伤。试件脱模后立即放入水槽中养护，水面应超过试件20mm，养护水每周更换一次。

(3) 强度试验:

① 各龄期试块必须在下列时间内进行试验：3d时，为3d±2h；7d时，为7d±3h；28d时，为28d±3h。

② 抗折强度试验:

A. 擦去试件表面附着的水分和砂粒。

B. 应使杠杆抗折试验机的杠杆呈平衡状态，然后将试件放入调整夹具，使试件折断时尽可能接近平衡位置。抗折试验加荷速度应为（50±5）N/s。

③ 抗压强度试验：利用折断后的试块进行抗压试验。试验时须用抗压夹具进行，试件受压面为40mm×62.5mm。试压时应以试件的侧面作为受压面，试件的底面靠紧夹具定位销，并使夹具对准压力机压板的中心。压力机加荷速度在（5000±50）N/s的范围内。然后计算抗折强度。

第二节　混凝土现场拌制

一、混凝土现场拌制工艺

(一) 准备工作

1. 技术准备

(1) 对所有原材料的规格、品种、产地、牌号及质量进行检查，并与混凝土施工配合比进行核对。

(2) 现场测定砂、石含水率，及时调整好混凝土施工配合比，并公布于搅拌配料地点的标牌上。

(3) 首次使用新的混凝土配合比时，应进行开盘鉴定。开盘鉴定结果符合要求。

2. 材料准备

(1) 根据工程量的大小、施工进度计划安排情况，提前做出原材料需求计划、复试计划。

(2) 按计划组织原材料进场，并及时取样进行原材料的复试工作。

3. 施工机具准备

(1) 施工机械。混凝土搅拌机、装载机、自动砂石输料设备 (采用电子计量设备)。

(2) 工具、用具。手推车、铁锹等。

(3) 检测设备。台秤、磅秤、坍落度筒、试模。

4. 作业条件准备

(1) 须浇筑混凝土的部位已办理隐检、预检手续，混凝土浇筑申请单已经批准。

(2) 搅拌机和配套设备、上料设备应运转灵活，安全可靠。

(3) 磅秤下面及周围的砂、石清理干净。计量器具灵敏可靠，并设专人按施工配合比定磅、监磅。

(二)混凝土现场拌制操作要求

1. 施工配合比换算

(1) 测定现场砂、石含水率，根据混凝土配合比通知单换算成施工配合比，并填写混凝土浇灌申请书。同时，将换算结果和须拌制的混凝土的强度、浇筑部位、日期等写在标志牌上，挂于混凝土搅拌站醒目位置。

换算方法：将实验室提供的混凝土配合比用料数量，由每立方用量换算为每盘用量。同时，通过测定现场砂、石的含水率，调整每盘原材料的实际用量。其中，每盘水泥用量一般为每袋水泥质量(50kg)的整数倍。

(2) 当遇雨天或砂、石等材料的含水率有显著变化时，应增加含水率检测次数，并及时调整混凝土中的砂、石、水用量。

(3) 首次使用新的混凝土配合比时，应进行开盘鉴定，并填写《混凝土开盘鉴定》记录单。开始生产时，应至少留置一组标准养护试件，作为验证配合比的依据。

2. 原材料计量

(1) 各种计量用器具使用前，应进行零点校核，保持计量准确。

(2) 砂石计量。用手推车上料，磅秤计量时，必须车车过磅；当采用自动计量设备时，宜采用小型装载机填料；采用自动或半自动上料时，须调整好斗门关闭的提前量，以保证计量准确。

(3) 水泥计量。采用袋装水泥时，应对每批进场水泥抽检10袋的重量，取实际重量的平均值，少于标定重量的要开袋补足；采用散装水泥时，应每盘精确计量。

(4) 外加剂计量。对于粉状的外加剂，应按施工配合比每盘的用料，预先在仓库中进行计量，并以小包装运到搅拌地点备用；液态外加剂要随用随搅拌，并用比重计检查其浓度，用量筒计量。

(5) 水计量。水必须每盘计量，一般根据水泵流量和计时器进行控制。

3. 混凝土搅拌

(1) 投料顺序。

① 当无外加剂、混合料时，依次进入上料斗的顺序为：石子→水泥→砂子。

② 当掺混合料时，其顺序为：石子→水泥→混合料→砂子。

③ 当掺干粉外加剂时，其顺序为：石子→水泥→砂子→外加剂。

(2) 第一盘混凝土拌制。每次拌制第一盘混凝土时，先加水使搅拌筒空转数分钟，搅拌筒被充分湿润后，将剩余积水倒净。搅拌第一盘时，由于砂浆粘筒壁而损失。因此，石子的用量应配合比减10%。

(3) 从第二盘开始，按确定的施工混凝土配合比投料。

(4) 搅拌时间。混凝土应搅拌均匀，宜采用强制式搅拌机搅拌。

4.出料

出料时，先少许出料，目测拌和物的外观质量，如目测合格，方可出料。每盘混凝土拌和物必须出尽。

5.质量检查

(1) 混凝土在生产前应检查混凝土所用原材料的品种、规格是否与施工配合比一致。在生产过程中应检查原材料实际称量误差是否满足要求，每一工作班应至少两次。

(2) 混凝土的搅拌时间应随时检查。

(3) 混凝土拌和物的工作性检查每100m^{3}不应少于一次，且每一工作班不应少于两次，必要时可增加检查次数。

(4) 骨料含水率的检验每工作班不应少于一次；当雨雪天气等外界影响导致混凝土骨料含水率变化时，应及时检验。

二、混凝土拌和物质量验收标准

(一) 主控项目

(1) 预拌混凝土进场时，其质量应符合现行国家标准《预拌混凝土》(GB/T 14902—2012) 规定。

检查数量：全数检查。

检验方法：检查质量证明文件。

(2) 混凝土拌和物不应离析。

检查数量：全数检查。

检验方法：观察。

(3) 混凝土中氯离子含量和碱含量应符合现行国家标准《混凝土结构设计规范(2015年版)》(GB 50010—2010)的规定和设计要求。

检查数量：同一配合比混凝土检查不应少于一次。

检验方法：检查原材料试验报告和氯离子、碱的总含量计算书。

(4) 首次使用的混凝土配合比应进行开盘鉴定，其原材料、强度、凝结时间、稠度等应满足设计配合比的要求。

检查数量：同一配合比混凝土检查不应少于一次。检验方法：检查开盘鉴定资料和强度试验报告。

(二) 一般项目

(1) 混凝土拌和物稠度应满足施工方案的要求。

检查数量：对同一配合比混凝土，取样应符合下列规定：

① 每拌制100盘且不超过100m³时，取样不得少于一次。

② 每工作班拌制不足100盘时，取样不得少于一次。

③ 每次连续浇筑超过1000m³时，每200m³取样不得少于一次。

④ 每一楼层取样不得少于一次。

检验方法：检查稠度抽样检查记录。

(2) 混凝土有耐久性指标要求时，应在施工现场随机抽取试件进行耐久性检验，其检验结果应符合国家现行有关标准的规定和设计要求。

检查数量：同一配合比的混凝土，取样不应少于一次，留置试件数量应符合国家现行标准《普通混凝土长期性能和耐久性能试验方法标准》(GB/T 50082—2009)、《混凝土耐久性检验评定标准》(JGJ/T 193—2009)的规定。

检验方法：检查试件耐久性试验报告。

(3) 混凝土有抗冻要求时，应在施工现场进行混凝土含气量检验，其检验结果应符合国家现行有关标准的规定和设计要求。

检查数量：同一配合比的混凝土，取样不应少于一次，取样数量应符合现行国家标准《普通混凝土拌和物性能试验方法标准》(GB/T 50080—2002)的规定。

检验方法：检查混凝土含气量检验报告。

三、混凝土运输

混凝土运输设备应根据结构特点（例如框架结构、设备基础等）、混凝土工程量大小、每天或每小时混凝土浇筑量、水平及垂直运输距离、道路条件、气候条件等各种因素综合考虑后确定。

（一）水平运输

常用的水平运输设备有：手推车、机动翻斗车、混凝土搅拌运输车、自卸汽车等。

（1）手推车及机动翻斗车运输。双轮手推车容积为 $0.07\sim0.1m^3$，载重约200kg，主要用于工地内的水平运输。当用于楼面水平运输时，由于楼面上已扎好钢筋、支好模板，需要铺设手推车用的行车道（称马道）。机动翻斗车容量约 $0.45m^3$，载重约1t，用于地面运距较远或工程量较大时的混凝土运输。

（2）混凝土搅拌运输车运输。目前各地正在推广使用集中预拌，以商品混凝土形式供应各工地的方式。商品混凝土就是一个城市或一个区域建立一个或几个集中商品混凝土搅拌站（厂），工地每天所需的混凝土均向这些混凝土搅拌站（厂）订货购买，该站（厂）负责供应有关工地所需的各种规格的混凝土，并准时送到现场，这种混凝土拌和物集中搅拌、集中运输供应的办法，可以免去各工地分散设立小型混凝土搅拌站，减少材料浪费，少占土地，减少对环境的污染，提高了混凝土质量。

由于工地采用商品混凝土，混凝土运距就较远，因此一般多用混凝土搅拌运输车。这种运输车是在汽车底盘上安装倾斜的搅拌筒，它兼有运输和搅拌混凝土的双重功能，可以在运送混凝土的同时对其进行搅拌或扰动，从而保证运送的混凝土质量。

（二）垂直运输

常用的垂直运输设备有塔式起重机、井架、龙门架等。

1. 塔式起重机运输

塔式起重机既能完成混凝土的垂直运输，又能完成一定的水平运输。在其工作幅度范围内能直接将混凝土从装料点吊升到浇筑地点送入模板内，

中间不需要转运，因此是一种较有效的混凝土运输方式。

用塔式起重机运输混凝土时，应与混凝土料斗配合使用。在装料时料斗放置地面，搅拌机（或机动翻斗车）将混凝土卸于料斗内，再由塔式起重机吊送至混凝土浇筑地点。料斗容量大小，应据所用塔式起重机的起吊能力、工作幅度、混凝土运输车的运输能力及浇筑速度等因素确定。常用的料斗容量为 0.4m^3、0.8m^3 和 1.2m^3。

2. 井架、龙门架运输

井架、龙门架具有构造简单、成本低、装拆方便、提升与下降速度快等优点，因此运输效率较高，常用于多层建筑施工。

用井架、龙门架垂直运输混凝土时，应配以双轮手推车做水平运输。井架、龙门架将装有混凝土的手推车提升到楼面上后，手推车沿临时铺设的马道将混凝土送至浇筑地点，马道须布置成环行道，一面浇筑混凝土，一面向后拆迁，直至整个楼面混凝土浇筑完毕。

（三）混凝土泵运输

采用混凝土泵输送混凝土，称为泵送混凝土。适用于大型设备基础、坝体、现浇高层建筑、水下与隧道等工程的混凝土水平或垂直输送。泵送混凝土具有输送能力大、速度快、效率高、节省人力、连续输送等特点。泵送混凝土设备由混凝土泵、输送管和布料装置等组成。

1. 混凝土泵

混凝土泵有气压泵、柱塞泵及挤压泵等几种类型。不同型号的混凝土泵每小时可输送混凝土 8 ~ 60m^3（最大可达 160m^3/h），水平距离为 200 ~ 400m（最大可达 700m），垂直距离 30 ~ 65m（最大可达 200m）。

2. 输送管

常用钢管，有直管、弯管、锥形管三种。管径有 100mm、125mm、150mm、175mm、200mm 等数种。长度有 4m、3m、2m、1m 等数种。一般标准长度为 4m，其余长度则为调整布管长度用。弯管的角度有 15°、30°、45°、60°、90° 五种。当两种不同管径的输送管连接时，用锥形管过渡，其长度一般为 1m。在管道的出口处大都接有软管（用橡胶管或塑料管等），以便在不移动钢管的情况下，扩大布料范围。为便于管道装拆，输送管的连接

均用快速接头。

混凝土拌和物在输送管中流动时，弯管、锥形管和软管的阻力比直管大，同时，垂直直管也比水平管的阻力大。因此，在验算混凝土泵输送混凝土距离的能力时，都应将弯管、锥形管、软管和垂直直管换算成统一的水平管长，再用直管压力损失公式验算。例如，直径为100mm的垂直管每米折算为水平长度为4m；曲率半径为1m的90°弯管折算为9m；锥形管(100～125mm)每个折算为20m；软管(5m)每段折算为30m等。

3. 布料装置

由于混凝土泵是连续供料，输送量大。因此，在浇筑地点应设置布料装置，将混凝土直接浇入模板内或铺摊均匀。一般的布料装置具有输送混凝土和摊铺混凝土的双重作用，称布料杆。布料杆分汽车式、移置式、固定式三种。固定式又分附着式和内爬式两种。

在混凝土泵车上装有可伸缩式或折叠式的布料杆，其末端有一软管，可将混凝土直接输送到浇筑地点，使用十分方便。

4. 泵送混凝土要点

(1) 必须保证混凝土连续工作，混凝土搅拌站供应能力至少比混凝土泵的工作能力高出约20%。

(2) 混凝土泵的输送能力应满足浇筑速度的要求。

(3) 输送管布置应尽量短，尽可能直，转弯要少、缓(选用曲率半径大的弯管)。管段接头要严，少用锥形管，以减少阻力和压力损失。

(4) 泵送前，应先用适量的与混凝土内成分相同的水泥浆或水泥砂浆润滑输送管内壁。而在混凝土泵送过程中，如须接长输送管，亦须先用水泥浆或水泥砂浆湿润接长管段，每次接长管段宜为3m，如接长管段小于3m且管段情况良好，亦可不必事先湿润。

(5) 开始泵送时，操作人员应使混凝土泵低速运转，并应注意观察泵的压力和各部分工作情况，待工作正常顺利泵送后，再提高运转速度、加大行程，转入正常的泵送。正常泵送时，活塞应尽量采用大行程运转。

(6) 泵送开始后，如因特殊原因中途须停止泵送时，停顿时间不宜超过15～20min，且每隔4～5min要使泵交替进行4～5个逆转和顺转动作，以保持混凝土运动状态，防止混凝土在管内产生离析。若停顿时间过长，必须排空管道内的混凝土。

(7) 在泵送过程中，混凝土泵受料斗内的混凝土应保持充满状态，以免吸入空气，形成堵管。

(8) 在泵送过程中，应注意坍落度损失。坍落度损失过多，会影响泵送施工，它与运输时间、水泥品种、气温高低、泵送高度、泵送延续时间等因素有关。

(9) 在泵送过程中，受料斗内应具有足够的混凝土，以防止吸入空气而产生阻塞。如吸入空气，应立即反泵将混凝土吸回料斗内，除去空气后再转为正常泵送。

(10) 在泵送混凝土时，水箱应充满洗涤水，并应经常更换和补充。泵送将结束时，由于混凝土经水或压缩空气推出后尚能使用，因此要估算残留在输送管线中的混凝土量。

(11) 混凝土泵或泵车使用完毕应及时清洗。清洗用水不得排入浇筑的混凝土内。清洗之前一定要反泵吸料，降低管线内的剩余压力。

第三节　混凝土浇筑与检验

一、混凝土浇筑

混凝土的浇筑工作包括布料摊平、捣实和抹面修整等工序。混凝土浇筑前应检查模板的尺寸、轴线准确及其支架强度及稳定性是否合格，检查钢筋位置、数量等，并将检查结果做施工记录。在混凝土浇筑过程中，还应随时填写“混凝土工程施工日志”。

(一) 浇筑前的准备工作

在地基或基土上浇筑混凝土时应清除淤泥和杂物，并应有排水或防水措施。对干燥的非黏性土，应用水湿润；对未风化的岩石，应用水清洗，但其表面不得留有积水。

对模板上的杂物和钢筋上的油污等应清理干净；对模板的缝隙和孔洞应予堵严；对模板应浇水润湿，但不得有积水。

(二) 浇筑的基本要求

(1) 防止混凝土离析。混凝土离析会影响混凝土均质性。因此，除在运输中应防止剧烈颠簸外，混凝土在浇筑时自由下落高度不宜超过2m，否则应用串筒、斜槽等下料。

(2) 在浇筑竖向结构混凝土前，应先在浇筑处底部填入50~100mm厚与混凝土内砂浆成分相同的水泥浆或水泥砂浆。

(3) 在降雨、雪时不宜露天浇筑混凝土。当须浇筑时应采取有效措施，确保混凝土质量。

(4) 混凝土应分层浇筑。为了使混凝土能振捣密实，应分层浇筑分层捣实。但两层砼浇筑时间间歇不超过规范规定。

(5) 混凝土应连续浇筑，当必须有间歇时，其间歇时间宜缩短，并在下层混凝土初凝前将土层混凝土浇筑振捣完毕。

(6) 在混凝土浇筑过程中应经常观察模板及其支架、钢筋、埋设件和预留孔洞的情况。当发现有移位时，应立即停止浇筑，并应在已浇筑的混凝土初凝前修整完毕。

(三) 混凝土的振动捣实

混凝土拌和物浇入模板后，呈疏松状态，其中含有占混凝土体积5%~20%的空隙和气泡。必须经过振实，才能使挠筑的混凝土达到设计要求。振实混凝土有人工和机械振捣两种方式。

人工捣实是用人工冲击 (夯或插) 来使混凝土密实、成型。人工只能将坍落度较大的塑性混凝土捣实，但密实度不如机械振捣，故只有在特殊情况下才用人工捣实，目前工地大部分采用机械振捣新浇筑的混凝土。

用于振动捣实混凝土拌和物的机械，按其工作方式可分为：内部振动器 (也称插入式振动器)、表面振动器 (也称平板振动器)、外部振动器 (也称附着式振动器) 和振动台四种。

(1) 内部振动器。内部振动器的工作部分是一棒状空心圆柱体内部装有偏心振子，在电动机带动下高速旋转而产生高频谐振。操作要点如下。

① 要“快插慢拔”。“快插”是为了防止先将混凝土表面振实，与下面混

凝土产生分层离析现象；“慢拔”是为了使混凝土填满振动棒抽出时形成的空洞。

② 振动器插点要均匀排列，可采取“行列式”或“交错式”，防止漏振。捣实普通混凝土每次移动位置的距离（两插点间距）不宜大于振动器作用半径的1.5倍（振动器的作用半径一般为300～400mm），最边沿的插点距离模板不应大于有效作用半径的0.5倍；振实轻骨料混凝土的移动间距，不宜大于其作用半径。

③ 每一插点的振捣延续时间，应使混凝土表面呈现浮浆和不再沉落。一般每点振捣时间为20～30s，使用高频振动器时，亦应大于10s。

④ 混凝土分层浇筑时，每层混凝土厚度应不超过振动棒长的1.25倍；在振捣上一层时插入下层混凝土的深度不应小于5cm，以消除两层间的接缝，同时要在下层混凝土初凝前进行。在振捣过程中，宜将振动棒上下略为抽动，使上下振捣均匀。

⑤ 振捣器应避免碰撞钢筋、模板、芯管、吊环、预埋件或空心胶囊等。

（2）表面振动器（平板振动器）。平板振动器适用于表面积大且平整、厚度小的结构或预制构件。操作要点如下。

① 平板振动器在每一位置上应连续振动一定时间，一般为25～40s，以混凝土表面均匀出现浮浆为准。

② 振捣时的移动距离应保证振动器的平板能覆盖已振实部分的边缘，以防漏振。

③ 有效作用深度，在无筋及单筋平板中约20cm；在双筋平板中约12cm。

④ 大面积混凝土地面，可采用两台振动器，以同一方向安装在两条木杠上，通过木杠的振动使混凝土振实。

⑤ 振动倾斜混凝土表面时，应由低处逐渐向高处移动。

（3）外部振动器（附着式振动器）。外部振动器直接安装在模板外侧，利用偏心块振动时产生的振动力，通过模板传递给混凝土。适用于钢筋较密、厚度较小、不宜使用插入式振动器的结构构件。操作要点如下。

① 附着式振动器的振动作用深度约为25cm，如构件尺寸较厚，须在构件两侧安设振动器同时振动。

② 混凝土浇筑高度要高于振动器安装部位。当钢筋较密、构件断面较深较窄时，亦可采用边浇筑边振动的方法。

③ 设置间距应通过试验确定，并应与模板紧密连接。

(4) 振动台。振动台是混凝土构件成型工艺中生产效率较高的一种设备。适用于混凝土预制构件的振捣。操作要点如下。

① 当混凝土厚度小于20cm时，混凝土可一次装满振捣；当厚度大于20cm时，应分层浇筑，每层厚度不大于20cm；应随浇随振。

② 当采用振动台振实干硬性和轻骨料混凝土时，宜采用加压振动的方法，压力为$1\sim3kN/m^2$。

(四) 施工缝的设置

施工缝的位置应在混凝土浇筑之前确定，并宜留在结构抗剪较小且便于施工的部位。施工缝的留置位置应符合下列规定。

(1) 柱宜留在基础的顶面、梁或吊车梁牛腿的下面、吊车梁的上面、无梁楼板柱帽的下面。

(2) 与板连成整体的大截面梁，留置在板底面以下20～30cm处。当板下有梁托时，留置在梁托下部。

(3) 单向板留置在平行于板的短边的任何位置。

(4) 有主次梁的楼板，宜顺着次梁方向浇筑，施工缝宜留置在次梁跨度中间1/3的范围内。

(5) 墙留置在门洞口过梁跨中1/3的范围内，也可留在纵横墙的交接处。

(6) 楼梯。梁板式、板式楼梯砼施工缝应留置在楼梯跨度的1/3范围内。一般取3步台阶。

(7) 双向受力板、大体积混凝土结构、拱、弯拱、薄壳、蓄水池、斗仓、多层钢架及其他结构复杂的工程，施工缝的位置应按设计要求留置。

(8) 承受冲击荷载作用的设备基础，有抗渗要求的基础砼，不应留施工缝；当必须留置时，应征得设计单位的同意。

(五) 现浇多层钢筋混凝土框架结构浇筑

框架结构柱、梁，楼板混凝土浇筑，都是按结构层次划分施工层，分层

进行。如果平面面积较大，每一施工层还宜以结构平面的伸缩缝等为界，分段施工。如果柱、梁、楼板的模板都安装好后再浇筑柱的混凝土，则同一排柱的浇筑顺序应从两端向中间推进，以免柱模板在横向推力作用下向另一方倾斜。

柱在浇筑前，宜在底部先铺一层 50～100mm 厚与所浇混凝土成分相同的水泥砂浆，以免底部产生蜂窝现象；注意混凝土的自由倾落高度；随着柱子浇筑高度的上升，混凝土表面将积聚大量浆水而可能造成混凝土强度不均匀现象，宜在浇筑到适当的高度时，适量减少混凝土的配合比用水量。当柱、梁、板整体浇筑时，应在柱浇筑后自沉 1～1.5h 再浇梁板。

梁、板混凝土宜连续浇筑，实在有困难时应留置施工缝，浇筑一般从最远端开始，以逐渐缩短混凝土运距，避免振捣后的混凝土受到扰动。浇筑时应先低后高，即先分层浇筑梁混凝土，使其成阶梯形向前推进。当起始点的混凝土浇到板底位置时，即与板的混凝土一起浇筑。随着阶梯的不断接长，板的浇筑也不断地向前推进。当梁高超过 1m 时，可先单独浇筑梁混凝土，在底板以下 20～30mm 处留置水平施工缝。

楼梯随踏步一步一步浇捣密实，施工缝一般留在上层的第二或第三步的地方。

大体积混凝土，即指其结构尺寸很大，必须采取相应技术措施来处理温度差值、合理解决因为温度差而产生的温度应力，并控制温度裂缝开展的混凝土。这种混凝土具有结构厚、体积大、钢筋密、混凝土量大、工程条件复杂和施工技术要求高等特点。因此，除了必须满足强度、刚度、整体性和耐久性要求外，还存在如何控制温度变形裂缝开展的问题。因此，控制温度变形裂缝就不只是单纯的结构理论问题，还涉及结构计算、构造设计、材料组成和其物理力学性能以及施工工艺等多学科的综合性问题。

大体积混凝土的浇筑应合理地分段分层进行，使混凝土沿高度均匀上升；浇筑宜在室外气温较低时进行，混凝土浇筑温度不宜超过 28℃。

二、混凝土养护

混凝土拌和物经浇筑振捣密实后，即进入静置养护期。其中水泥与水逐渐起水化作用而增加强度。在这期间应设法为水泥的顺利水化创造条件，称混凝土的养护。水泥的水化要一定的温度和湿度条件。温度的高低主要影响

水泥水化的速度，而湿度条件则严重影响水泥水化能力。混凝土如在炎热气候下浇筑，又不及时洒水养护，会使混凝土中的水分蒸发过快，出现脱水现象，使已形成凝胶状态的水泥颗粒不能充分水化，不能转化为稳定的结晶而失去了黏结力，混凝土表面就会出现片状或粉状剥落，降低了混凝土的强度。另外，混凝土过早失水，还会因收缩变形而出现干缩裂缝，影响混凝土的整体性和耐久性。所以在一定温度条件下，混凝土养护的关键是防止混凝土脱水。

混凝土养护分自然养护和蒸汽养护。蒸汽养护主要用于砼构件加工厂以及现浇构件冬季施工，以下主要介绍自然养护。

自然养护是指在日平均气温高于5℃的自然条件下，对混凝土采取的覆盖、浇水、挡风、保温等养护措施。

(一) 覆盖浇水

对已浇筑完毕的混凝土应加以覆盖和浇水，其养护要点如下：

(1) 应在混凝土浇筑后的12h内对混凝土加以覆盖和浇水。一般情况下，混凝土的裸露表面应覆盖吸水能力强的材料，如麻袋、草席、锯末、砂、炉渣等。

(2) 混凝土浇水养护时间，对采用硅酸盐水泥、普通水泥或矿渣水泥拌制的混凝土，不得少于7d；对掺有缓凝型外加剂或有抗渗要求的混凝土，不得少于14d；采用其他品种水泥时，混凝土的养护应根据所用水泥的技术性能确定。

(3) 浇水次数应能保持混凝土处于润湿状态。

(4) 混凝土养护用水应与拌制用水相同。

(5) 当日平均气温低于5℃时不得浇水。

(二) 塑料薄膜养护

采用塑料薄膜养护，混凝土裸露的全部表面用塑料布覆盖严密，并应保持塑料布内有凝结水。

高耸结构如烟囱、立面较大的池罐等，若在混凝土表面不便浇水或覆盖时，宜涂刷或喷洒薄膜养生液等，形成不透水的塑料薄膜，使混凝土表面密封养护，能防止混凝土内部水分蒸发，保证水泥充分水化。

三、混凝土抗压试块的制作与取值

(一) 混凝土抗压试块的制作

混凝土抗压试块的取样制作应符合下列规定：

混凝土抗压试块制作时的试样应在混凝土浇筑地点随机抽取，不得有弄虚作假的现象。

抗压试块的取样频率为：每 100 盘，但不超过 $100m^3$ 的同配合比的混凝土，取样次数不得少于 1 次；每工作班拌制的同配合比的混凝土不足 100 盘时，其取样次数不得小于 1 次。在预制构件的生产中，为加强材料和制作检验的措施，在特定条件下，每 $5m^3$ 同配合比混凝土取样为 1 次；在建筑工程中，应以每一结构层或每一单件的大型构件为一取样标准，取样次数应为 1 次。在这里应注意一个问题，也就是取样次数的量不是取样试件组数的量，实际应为每次若干组。根据要求，一般每次取样的组数不得少于 2 ~ 3 组。

每次试件取样的混凝土应在同一盘的混凝土中取样制作。对于商品混凝土或预拌混凝土，应在生产厂内，待运输到施工现场时还应按规定抽样检验。混凝土试件的制作应根据《普通混凝土力学性能试验方法》规定的方法进行。制作好的试件经脱模后应及时进行编号，并按标准的方法进行养护。

(二) 混凝土抗压试块的取值

1. 立方体试件抗压强度值

当混凝土试件养护至 28d 时，应在试验机上进行抗压强度试验。

2. 每组的强度代表值

当每一组 3 个试件的抗压强度值经试验计算得出后，应把所得的三个立方体抗压强度值归为一个值，这就是该组的强度代表值。

每组的强度代表值按下列规定确定：

(1) 取三个试件强度的算术平均值作为每组试件的强度平均值；

(2) 当一组试件中强度的最大值或最小值与中间值之差超过中间值的 15% 时，取中间值作为该组试件的强度代表值；

(3) 当一组试件中强度的最大值和最小值与中间值之差均超过中间值的

15% 时，该组试件的强度不作为评定的依据。

但是，在实际的检验工作中，往往是根据混凝土中所用的石子粒径来选择混凝土试模的大小。对于边长为 150mm 的立方体试件，每组的强度代表值可按上列规定确定；然而对于非标准尺寸的试件，尚应进行强度的折算。对边长为 100mm 的立方体试件折算系数为 0.95；对边长为 200mm 的立方体试件，折算系数取 1.05。

四、混凝土强度的评定方法

根据混凝土评定标准的规定，混凝土的检验评定应分批进行。这就要求构成同一验收批的混凝土质量状态应保持一致，也就是混凝土的强度等级应相同；所评定的混凝土龄期相同，所用的混凝土配合比应相同；混凝土的搅拌方法、运输条件、浇捣方式等生产工艺条件应基本相同。

混凝土每一验收批的批量和样本的容量大小，除应满足混凝土生产量所需制作试件组数外，还应满足不同的统计评定方法的要求。

(一) 标准差已知统计评定

当混凝土的生产条件在较长时间内能保持一致，并且同一品种混凝土的变异性保持相对稳定时，应由连续的三组试件组成一个验收批，混凝土的标准差可用前期统计所得的标准差作为评定混凝土强度的依据。

(二) 标准差未知统计评定

当混凝土的生产条件在较长时间内不能保持一致，且混凝土强度变异性不能保持稳定时，或在前一个检验期内的同一品种混凝土没有足够的数据用以确定验收批混凝土强度标准差时，应由不少于 10 组的试件组成一个验收批。

(三) 非统计评定法

对零星生产的预制构件或现场搅拌量不大的混凝土，可采用非统计评定的方法对混凝土的强度进行评定。

采用非统计法评定混凝土强度时，应由试件组数少于 10 组的同一品种混凝土组成一个验收批。

第七章 砌体工程施工实践

第一节 脚手架工程施工

一、脚手架认知

脚手架是土建工程施工的重要设施，是为保证高处作业安全、顺利进行施工而搭设的工作平台和作业通道。结构施工、装修施工和设备管道的安装施工都需要按照操作要求搭设脚手架。

（一）脚手架的分类

1. 根据搭设位置不同分类

根据搭设位置不同，脚手架分为外脚手架和里脚手架。

（1）外脚手架。外脚手架搭设于建筑物外围，既可用于外墙砌筑，又可用于外装饰施工，其主要形式有多立杆式（主要包括扣件式钢管脚手架、碗扣式钢管脚手架等）、门式和桥式等。其中多立杆式应用最广，门式次之。

① 扣件式钢管脚手架。扣件式钢管脚手架是指为建筑施工而搭设的、承受荷载的、由扣件和钢管等构成的脚手架与支撑架。其包括落地式单、双排扣件式钢管脚手架，满堂扣件式钢管脚手架，型钢悬挑扣件式钢管脚手架，满堂扣件式钢管支撑5种类型。其中，单排扣件式钢管脚手架是指只有一排立杆，横向水平杆的一端搁置固定在墙体上的脚手架，简称单排架。双排脚手架是指由内外两排立杆和水平杆等构成的脚手架，简称双排架。单排扣件式脚手架搭设高度不应超过24m，双排扣件式脚手架搭设高度不应超过50m。脚手架搭设高度超过50m时，最适用的是型钢悬挑脚手架。

② 碗扣式钢管脚手架。碗扣式钢管脚手架由钢管立杆、横杆、碗扣接头等组成。其基本构造和搭设要求与扣件式钢管脚手架类似，不同之处主要在于碗扣接头。碗扣接头是该脚手架系统的核心部件，它由上碗扣、下碗

扣、横杆接头和上碗扣的限位销等组成。下碗扣焊在钢管上，上碗扣对应地套在钢管上，其销槽对准焊在钢管上的限位销即能上下滑动。横杆和立杆牢固地连接在一起，形成框架结构。碗扣式接头可同时连接4根横杆，横杆可相互垂直也可组成其他角度，因而可以搭设各种形式脚手架，特别适合搭设扇形表面及高层建筑施工和装饰作用两用外脚手架。

③门式钢管脚手架。门式脚手架由门式框架、剪刀撑和水平梁架或脚手板构成基本单元。将基本单元连接即构成整片脚手架，门式脚手架的主要部件之间的连接形式为制动片式。

(2) 里脚手架。里脚手架搭设于建筑物内部，既可用于墙体砌筑，又可用于室内装饰施工，其主要形式有折叠式、支柱式和门架式。

2. 根据搭设的立杆排数不同分类

根据搭设的立杆排数不同，可分为单排脚手架、双排脚手架和满堂脚手架。

3. 根据支固形式的不同分类

根据支固形式的不同，可分为落地式脚手架和非落地式脚手架。其中，非落地式脚手架又包括悬挑式脚手架、附墙悬挂式脚手架、吊篮等。

4. 根据材料的不同分类

根据材料的不同，可分为钢管脚手架、木脚手架、竹脚手架。

(二) 对脚手架的基本要求

(1) 脚手架要有足够的强度、刚度和稳定性，能承受上部的施工荷载和自重，不变形、倾斜或摇晃，确保施工人员的人身安全。

(2) 脚手架要有适当的宽度、步架高度，能满足工人操作、材料堆放和运输需要。

(3) 脚手架要符合高空作业的要求。对脚手架的绑扎、护栏、挡脚板、安全网等应按有关规定执行。

(4) 脚手架要求构造简单，装拆方便，能多次周转施工。

二、扣件式钢管脚手架

(一) 基本组成及其作用

扣件式钢管脚手架包括架体和安全防护设施两大部分。其中，架体主要包括立杆、大横杆、小横杆、剪刀撑、斜撑、连墙件、扣件、底座、垫板和脚手板等；安全防护设施主要包括栏杆、挡脚板和安全网等。

(二) 构配件的材料要求

1. 钢管

脚手架钢管应采用现行国家规定的 Q235 普通钢管，钢管为 48mm × 3.5mm。

2. 扣件

扣件是钢管与钢管之间的连接件，其形式有旋转扣件、直角扣件、对接扣件，如图 3-9 所示。旋转扣件用于两根任意角度相交钢管的连接；直角扣件用于两根垂直相交钢管的连接，它是依靠扣件与钢管之间的摩擦力来传递荷载的；对接扣件用于两根钢管对接接长的连接。

3.底座

底座一般采用厚 8mm、边长 150 ~ 200mm 的钢板作为底板，上焊高度为 150mm 的钢管。底座形式有内插式和外套式两种。

4.脚手板

脚手板铺在脚手架的小横杆上，用于工人施工活动和堆放材料等，要求其有足够的强度和板面平整度。按其所用材料的不同，脚手板分为木脚手板、竹脚手板、钢脚手板及钢木脚手板等。

脚手板铺设时，要求铺满、铺稳，严禁铺探头板、弹簧板。钢脚手板在靠墙一侧及端部必须与小横杆绑牢，以防滑出。靠墙一块板离墙面应有 15cm 的距离，供砌筑过程中检查操作质量。但距离不宜过大，以免落物伤人。

木脚手板可对头铺或搭接铺。对头铺时，在每块板端头下要有小横杆，小横杆距板端≤ 15cm。搭接铺时，两块板端头的搭接长度应≥ 20cm，如有不平之处要用木板垫起，垫在小横杆与大横杆相交处，使脚手板铺实在小横杆上，但不允许用碎砖块塞垫。

每砌完一步架子要翻脚手板时，应先将板面碎石块和砂浆硬块等杂物扫净，按每挡由里向外翻的顺序操作，即先将里边的板翻上去，而后往外逐块翻上去。板铺好后，再拆移下面的小横杆周转使用，但要与抛撑相连，连墙杆也不能拆掉。此外，通道上面的脚手板要保留，以防高空坠物伤人。

(三) 搭设要求

(1) 脚手架搭设时应注意地基平整坚实，设置底座和垫板，并有可靠的排水措施，防止积水浸泡地基引起不均匀沉陷。

(2) 杆件应按设计方案进行搭设，并注意搭设顺序，禁止使用规格和质量不合格的杆配件。

(3) 单、双排脚手架必须配合施工进度搭设，一次搭设高度不应超过相邻连墙件以上两步。每搭完一步脚手架后，应校正步距、纵距、横距及立杆的垂直度。

(4) 双排脚手架横向水平杆的靠墙一端至墙装饰面的距离不应大于100mm。

(5) 连墙件的安装应随脚手架搭设同步进行，不得滞后安装。

(6) 脚手架剪刀撑与双排脚手架横向斜撑应随立杆、纵向和横向水平杆等同步搭设，不得滞后安装。

(7) 作业层、斜道的栏杆和挡脚板均应搭设在外立杆的内侧，上栏杆上皮高度应为1.2m，挡脚板高度不应小于180mm，中栏杆应居中设置。

(8) 作业层脚手板应铺满、铺稳，离墙面的距离不应大于150mm；脚手板应用镀锌铁丝固定在横向水平杆上，防止滑动。

(9) 作业层脚手板应用安全网双层兜底。作业层以下每隔10m应用安全网封闭。架体外围应用密目式安全网全封闭，密目式安全网宜设置在脚手架外立杆的内侧，并应与架体绑扎牢固。

(四) 脚手架搭设的检查与验收

(1) 脚手架搭设完毕必须进行检查验收，合格后方可使用。

(2) 脚手架应在下列阶段进行检查与验收：

① 基础完工后及脚手架搭设前；

② 作业层上施加荷载前;

③ 每搭设完 6 ~ 8m 高度后;

④ 达到设计高度后;

⑤ 遇有 6 级强风及以上风或大雨后、冻结地区解冻后;

⑥ 停用超过一个月。

(3) 脚手架检查、验收时,应根据专项施工方案及变更文件、技术交底文件、构配件质量检查表等技术文件进行。

(4) 脚手架使用中,应定期检查下列内容:

① 杆件的设置和连接,连墙件、支撑、门洞桁架等的构造应符合《建筑施工扣件式钢管脚手架安全技术规范》(JGJ 130—2011) 和专项施工方案的要求;

② 地基应无积水,底座应无松动,立杆应无悬空;

③ 扣件螺栓应无松动;

④ 高度在 24m 以上的双排脚手架,其立杆的沉降与垂直度的偏差应符合《建筑施工扣件式钢管脚手架安全技术规范》(JGJ 130—2011) 的规定;

⑤ 安全防护措施应符合要求;

⑥ 应无超载使用。

(5) 脚手架搭设的技术要求、允许偏差与检验方法,应符合《建筑施工扣件式钢管脚手架安全技术规范》(JGJ 130—2011) 的规定。

(6) 安装后的扣件螺栓拧紧扭力矩应采用扭力扳手检查,抽样方法应按随机分布原则进行。

(五) 扣件式钢管脚手架的拆除

(1) 架体拆除作业应设专人指挥,当有多人同时操作时,应明确分工、统一行动,且应具有足够的操作面。

(2) 单、双排脚手架拆除作业必须由上而下逐层进行,原则上后搭的先拆、先搭的后拆,严禁上下同时作业。

(3) 连墙件必须随脚手架逐层拆除,严禁先将连墙件整层或数层拆除后再拆脚手架;分段拆除高差大于两步时,应增设连墙件加固。

(4) 当脚手架拆至下部最后一根长立杆的高度 (约 6.5m) 时,应先在适

当位置搭设临时抛撑加固后，再拆除连墙件。当脚手架采取分段、分立面拆除时，对不拆除的脚手架两端，应先设置连墙件和横向斜撑加固。

(5) 所有杆件与扣件，在拆除时应分离，不允许杆件上附着扣件输送地面，或两杆同时拆下输送地面。所有构配件严禁抛掷至地面。

(6) 运至地面的构配件应及时检查、整修与保养，并应按品种、规格分别存放。

三、碗扣式脚手架施工

(一) 碗扣式脚手架概述

1. 基本构造

节点处采用碗扣连接，基本构造和搭设要求与扣件式钢管脚手架类似，不同之处在于碗扣接头。

2. 适用范围

(1) 公路、铁路施工部门。

(2) 直接搭设高度为 50m 以下的外脚手架，兼作里脚手架。

(3) 用作房建、市政、桥梁混凝土水平构件的模板承重支架。

(4) 用作钢结构施工现场拼装的承重胎架。

(二) 碗扣式脚手架施工方案

1. 碗扣式脚手架的搭设

(1) 底座和垫板应准确地放置在定位线上；宜采用长度不少于 2 跨、厚度不小于 50mm 的木垫板，底座的轴心线应与地面垂直。

(2) 脚手架搭设应按立杆、横杆、斜杆、连墙件的顺序逐层搭设，每次上升高度不大于 3m。底层水平框架的垂直度应 $\leqslant L/200$（L 为搭设长度，下同）；横杆间水平度应 $\leqslant L/400$。

(3) 脚手架的搭设应分阶段进行，第一阶段的撂底高度一般为 6m，搭设后必须经检查验收后方可正式投入使用。

(4) 脚手架的搭设应与建筑物的施工同步上升，每次搭设高度必须高于即将施工楼层 1.5m。

(5) 脚手架全高的垂直度应小于 $L/500$，最大允许偏差应小于100mm。

(6) 脚手架内外侧加挑梁时，挑梁范围内只允许承受人行荷载，严禁堆放物料。

(7) 连墙件必须随架子的高度上升及时在规定位置处放置，严禁任意拆除。

(8) 作业层设置应符合以下要求：必须满铺脚手架，外侧应设挡脚板及护身栏杆；护身栏杆可用横杆在立杆的0.6m和1.2m的碗扣接头处搭设两道；作业层下的水平安全网应按《建筑施工碗扣式钢管脚手架安全技术规范》(JGJ 166—2008) 的规定设置。

(9) 采用钢管扣件作加固件、连墙件、斜撑时应符合《建筑施工扣件式钢管脚手架安全技术规范》(JGJ 130—2011) 的相关规定。

(10) 脚手架搭设到顶时，应组织技术、安全、施工人员对整个架体结构进行全面检查和验收，及时解决存在的结构缺陷。

2. 碗扣式脚手架的拆除

(1) 应全面检查脚手架的连接、支撑体等是否符合构造要求，经技术管理程序批准后方可实施拆除作业。

(2) 脚手架拆除前现场工程技术人员应对在场操作工人进行有针对性的安全技术交底。

(3) 脚手架拆除时必须划出安全区，设置警戒标志，派专人看管。

(4) 拆除前应清理脚手架上的器具及多余的材料和杂物。

(5) 拆除作业人员应从顶层开始，逐层向下进行，严禁上下层同时拆除。

(6) 连墙件必须拆到该层时方可拆除，严禁提前拆除。

(7) 拆除的构配件应捆绑后用起重设备吊运或人工传递到地面，严禁抛掷。

(8) 脚手架采取分段、分立面拆除时，必须事先确定分界处的技术处理方案。

(9) 拆除的构配件应分类堆放，以便运输、维护和保管。

3. 模板支撑架的搭设与拆除

(1) 模板支撑架的搭设应与模板施工相配合，利用可调底座或可调托撑调整底模标高。

(2) 按施工方案弹线定位，放置可调底座后分别按先立杆、后横杆、再斜杆的搭设顺序进行。

(3) 建筑楼板多层连续施工时，应保证上下层支撑立杆在同一轴线上。

(4) 搭设在结构的楼板、挑台上时，应对楼板或挑台等结构承载力进行验算。

(5) 模板支撑架拆除应符合《混凝土结构工程施工质量验收规范》(GB 50204—2015) 中混凝土强度的有关规定。

(6) 架体拆除时应按施工方案设计的拆除顺序进行。

4. 碗扣式脚手架的安全管理与维护

(1) 作业层上的施工荷载应符合设计要求，不得超载，不得在脚手架上集中堆放模板、钢筋等物料。

(2) 混凝土输送管、布料杆及塔架拉结缆风绳不得固定在脚手架上。

(3) 大模板不得直接堆放在脚手架上。

(4) 遇6级及以上大风、雨雪、大雾天气时应停止脚手架的搭设与拆除作业。

(5) 脚手架使用期间，严禁擅自拆除架体结构杆件，如须拆除必须报请技术主管同意，确定补救措施后方可实施。

(6) 严禁在脚手架基础及邻近处进行挖掘作业。

(7) 脚手架应与架空输电线路保持安全距离，工地临时用电线路架设及脚手架接地防雷措施等应按现行行业标准《施工现场临时用电安全技术规范》(JGJ 46—2005) 的相关规定执行。

(8) 使用后的脚手架构配件应清除表面黏结的灰渣，校正杆件变形，表面做防锈处理后待用。

四、其他脚手架

(一) 钢梁悬挑脚手架搭设工艺

1. 钢梁悬挑脚手架搭设工艺流程

预埋U形螺栓→水平悬挑梁→纵向扫地杆→立杆→横向扫地杆→小横杆→大横杆→剪刀撑→连墙件→铺脚手板→扎防护栏杆→扎安全网。

2. 钢梁悬挑脚手架搭设操作要求

（1）预埋U形螺栓。预埋U形螺栓的直径为20mm，宽度为160mm，高度经计算确定；螺栓丝扣应采用机床加工并冷弯成型，不得使用板牙套丝或挤压滚丝，长度不小于120mm；U形螺栓宜采用冷弯成型。

悬挑梁末端应由不少于两道的预埋U形螺栓固定，锚固位置设置在楼板上时，楼板的厚度不得小于120mm；楼板上应预先配置用于承受悬挑梁锚固端作用引起负弯矩的受力钢筋；平面转角处悬挑梁末端锚固位置应相互错开。

（2）安装水平悬挑梁。悬挑梁应按架体立杆位置对应设置，每一纵距设置一根。

悬挑梁的长度应取悬挑长度的2.5倍，悬挑支承点应设置在结构梁上，不得设置在外伸阳台上或悬挑板上；悬挑端应按梁长度起拱0.5%~1%。

（3）悬挑架体搭设。悬挑式脚手架架体的底部与悬挑构件应固定牢靠，不得滑动。悬挑架体立杆、水平杆、扫地杆、扣件及横向斜撑的搭设，按《落地式脚手架搭设与拆除》执行。悬挑架的外立面剪刀撑应自下而上连续设置。

（4）固定钢丝绳。悬挑架宜采取钢丝绳保险体系，按悬挑脚手架设计间距要求固定钢丝绳。

（二）门式脚手架施工

门式钢管脚手架又称多功能门式脚手架。是一种工厂生产、现场搭设的脚手架，是目前国际上应用最普遍的脚手架类型之一。

1. 门式脚手架的特点

（1）多种用途。用于楼宇、厅堂、桥梁、高架桥、隧道等模板内支顶或做飞模支撑主架；做高层建筑的内外排栅脚手架；用于机电安装、船体修造及其他装修工程的活动工作平台；利用门式脚手架配上简易屋架，便可构成临时工地宿舍、仓库或工棚；用于搭设临时的观礼台和看台。

（2）装拆方便。普通工人徒手插、套、挂就可以任意进行六种搭设；单件最大质量不超过20kg，因此提升、装拆和运输极其方便。装拆只须徒手进行，大大提高工效，比扣件钢管架快1/2，比木脚手架快2/3。

(3) 安全可靠。整体性能好，配有脚手板、平行架、扣墙管、水平和交叉拉杆管等纵横锁位装置；承受作用力合理，由立管直接垂直承受压力，各性能指标满足施工需要；防火性能好，所有主架和配件均为钢制品。

(4) 价廉实用。门式脚手架如保养好，可重复使用30次以上；使用单位面积质量比扣件式钢管架低50%，每次拆耗成本是钢管架的1/2，是竹木架的1/3，工效显著，且建筑物越高效益越好。

2. 门式脚手架的搭设与拆除

(1) 门式脚手架搭设工艺流程：铺放垫木（板）→拉线、放底座→自一端起立门架并随即装剪刀撑→装水平梁架（或脚手板）→装梯子→需要时，装设通长的纵向水平杆→装设连墙杆→按照上述步骤，逐层向上安装→装加强整体刚度的长剪刀撑→装设顶部栏杆。

搭设门式脚手架时，基底必须先平整夯实。外墙脚手架必须通过扣墙管与墙体拉结，并用扣件把钢管和处于相交方向的门架连接起来。整片脚手架必须放置适量水平加固杆（纵向水平杆），前三层要每层设置，三层以上则每隔三层设一道。

在架子外侧面设置长剪刀撑。使用连墙管或连墙器将脚手架与建筑物连接。高层脚手架应增加连墙点布设密度。拆除架子时应自上而下进行，部件拆除顺序与安装顺序相反。门式脚手架架设超过10层，应加设辅助支撑，一般在高8～11层门式框架之间，在宽5个门式框架之间，加设一组，使部分荷载由墙体承受。

(2) 门式脚手架的搭设要求。搭设门式脚手架时基座必须严格夯实抄平，并铺平调底座，以免发生塌陷和不均匀沉降。门架的顶部和底部用纵向水平杆和扫地杆固定。门架之间必须设置剪刀撑和水平梁架（或脚手板），其间连接应可靠，以确保脚手架的整体刚度。使用连墙管或连墙器将脚手架和建筑结构紧密连接，连墙点的最大间距垂直方向为6m，水平方向为8m。高层脚手架应增加连墙点布设密度。脚手架在转角处必须做好与墙连接牢靠，并利用钢管和回转扣件把处于相交方向的门架连接起来。

(3) 门式脚手架的拆除。拆除门式脚手架时应自上而下进行，部件拆除顺序与安装顺序相反。不允许将拆除的部件直接从高空掷下。应将拆下的部件分品种捆绑后，使用垂直吊运设备将其运至地面，集中堆放保管。

（三）附着升降式脚手架施工

升降式脚手架是沿结构外表面满搭的脚手架，在结构和装修工程施工中应用较为方便，但费料耗工，一次性投资大，工期较长。因此，近年来在高层建筑及筒仓、竖井、桥墩等施工中发展了多种形式的外挂脚手架，其中应用较为广泛的是升降式脚手架，包括自升降式、互升降式和整体升降式三种类型。

1. 自升降式脚手架

自升降式脚手架的升降运动是通过手动或电动倒链交替对活动架和固定架进行升降来实现的。从升降架的构造来看，活动架和固定架之间能够进行上下相对运动。当脚手架工作时，活动架和固定架均用附墙螺栓与墙体锚固，两架之间无相对运动；当脚手架需要升降时，活动架与固定架中的一个架子仍然锚固在墙体上，使用倒链对另一个架子进行升降，两架之间便产生相对运动。通过活动架和固定架交替附墙，互相升降，脚手架即可沿着墙体上的预留孔逐层升降。

具体操作过程如下：

（1）施工前准备。按照脚手架的平面布置图和升降架附墙支座的位置，在混凝土墙体上设置预留孔。预留孔尽可能与固定模板的螺栓孔结合布置，孔径一般为40～50mm。为使升降顺利进行，预留孔中心必须在同一直线上。脚手架爬升前，应检查墙上预留孔位置是否正确，如有偏差，应预先修正，墙面突出严重时，也应预先修平。

（2）安装。该脚手架的安装在起重机配合下按脚手架平面图进行。先把上、下固定架用临时螺栓连接起来，组成一片，附墙安装。一般每2片为一组，每步架上用4根$\varphi48\times3.5$mm钢管作为大横杆，把2片升降架连接成一跨，组装成一个与邻跨没有牵连的独立升降单元体。附墙支座的附墙螺栓从墙外穿入，待架子校正后，在墙内紧固。对壁厚的筒仓或桥墩等，也可预埋螺母，然后用附墙螺栓将架子固定在螺母上。脚手架工作时，每个单元体共有8个附墙螺栓与墙体锚固。为了满足结构工程施工，脚手架应超过结构一层的安全作业需要。在升降脚手架上墙组装完毕后，用$\varphi48\times3.5$mm钢管和对接扣件在上固定架上面再接高一步。最后在各升降单元体的顶部扶手栏

杆处设临时连接杆，使之成为整体，内侧立杆用钢管扣件与模板支撑系统拉结，以确保脚手架整体稳定。

（3）爬升。爬升可分段进行，视设备、劳动力和施工进度而定，每个爬升过程提升1.5～2m，每个爬升过程分两步进行。

①爬升活动架。解除脚手架上部的连接杆，在一个升降单元体两端升降架的吊钩处，各配置1只倒链，倒链的上、下吊钩分别挂入固定架和活动架的相应吊钩内。操作人员位于活动架上，倒链受力后卸去活动架附墙支座的螺栓，活动架即被倒链挂在固定架上，然后，在两端同步提升，活动架即呈水平状态徐徐上升。爬升到达预定位置后，将活动架用附墙螺栓与墙体锚固，卸下倒链，活动架爬升完毕。

②爬升固定架。与爬升活动架相似，在吊钩处用倒链的上、下吊钩分别挂入活动架和固定架的相应吊钩内，倒链受力后卸去固定架附墙支座的附墙螺栓，固定架即被倒链挂吊在活动架上。然后在两端同步抽动倒链，固定架徐徐上升，同样爬升至预定位置后，将固定架用附墙螺栓与墙体锚固，卸下倒链，固定架爬升完毕。至此，脚手架完成了一个爬升过程。待爬升一个施工高度后，重新设置上部连接杆，脚手架进入工作状态，以后按此循环操作，脚手架即可不断爬升，直至结构到顶。

（4）拆除。拆除时设置警戒区，有专人监护，统一指挥。先清理脚手架上的垃圾杂物，然后自上而下逐步拆除。可用起重机、卷扬机或倒链拆除升降架。升降机拆下后要及时清理整修和保养，以利重复使用，运输和堆放均应设置地楞，防止变形。

（5）下降。与爬升操作顺序相反，顺着爬升时用过的墙体预留孔倒行，脚手架即可逐层下降，同时把留在墙面上的预留孔修补完毕，最后脚手架返回地面。

2. 互升降式脚手架

互升降式脚手架将脚手架分为甲、乙两个单元，通过倒链交替对甲、乙两个单元进行升降。当脚手架需要工作时，甲单元与乙单元均用附墙螺栓与墙体锚固，两架之间无相对运动；当脚手架需要升降时，一个单元仍然锚固在墙体上，使用倒链对相邻一个架子进行升降，两架之间便产生相对运动。通过甲、乙两单元交替附墙、相互升降，脚手架即可沿着墙体上的预留孔逐

层升降。

具体操作过程如下：

（1）施工前准备。施工前应根据工程设计和施工需要进行布架设计，绘制设计图。编制施工组织设计，制定施工安全操作规定。在施工前还应将互升降式脚手架所需要的辅助材料和施工机具准备好，并按照设计位置预留附墙螺栓孔或设置好预埋件。

（2）安装。互升降式脚手架的组装有两种方式，一种在地面组装好单元脚手架，再用塔吊吊装就位；另一种是在设计爬升位置搭设操作平台，在平台上逐层安装。爬架组装固定后的允许偏差应满足：沿架子纵向垂直偏差不超过30mm；沿架子横向垂直偏差不超过20mm；沿架子水平偏差不超过30mm。

（3）爬升。脚手架爬升前应进行全面检查，检查的主要内容有：预留附墙连接点的位置是否符合要求，预埋件是否牢靠；架体上的横梁设置是否牢固；提升降单元的导向装置是否可靠；升降单元与周围的约束是否解除，升降有无障碍；架子上是否有杂物；所使用的提升设备是否符合要求等。当确认以上各项都符合要求后方可进行爬升。提升到位后，应及时将架子同结构固定；然后，用同样的方法对与之相邻的单元脚手架进行爬升操作，待相邻的单元脚手架升至预定位置后，将两单元脚手架连接起来，并在两单元操作层之间铺设脚手架。

（4）下降。与爬升操作顺序相反，利用固定在墙体上的架子对相邻的单元脚手架进行下降操作，同时把留在墙面上的预留孔修补完毕，最后脚手架返回地面。

（5）拆除。爬架拆除前应清理脚手架上的杂物。拆除爬架有两种方式：一种是同常规脚手架拆除方式，采用自上而下的顺序，逐步拆除；另一种是用起重设备将脚手架整体吊至地面拆除。

3. 整体升降式脚手架

在超高层建筑的主体施工中，整体升降式脚手架有明显的优越性。它结构整体好、升降快捷方便、机械化程度高、经济效益显著，是一种很有推广使用价值的超高建（构）筑外脚手架，被住房和城乡建设部列入重点推广的10项新技术之一。

整体升降式外脚手架以电动倒链为提升机，使整个外脚手架沿建筑物外墙或柱整体向上爬升。搭设高度依建筑物施工层的层高而定，一般取建筑物标准层4个层高加1步安全栏的高度为架体的总高度。脚手架为双排，宽以0.8～lm为宜，里排杆离建筑物净距0.4～0.6m。脚手架的横杆和立杆间距都不宜超过1.8m，可将1个标准层高分为2步架，以此步距为基数确定架体横、立杆的间距。架体设计时可将架子沿建筑物外围分成若干单元，每个单元的宽度参考建筑物的开间而定，一般在5～9m。

具体操作如下：

(1) 施工前的准备。按平面图先确定承力架及电动倒链挑梁安装的位置和个数，在相应位置上的混凝土墙或梁内预埋螺栓或预留螺栓孔。各层的预留螺栓或预留孔位置要求上下相一致，误差不超过10mm。加工制作型钢承力架、挑梁、斜拉杆。准备电动倒链、钢丝绳、脚手管、扣件、安全网、木板等材料。因整体升降式脚手架的高度一般为4个施工层层高，在建筑物施工时，由于建筑物的最下几层层高往往与标准层不一致，且平面形状也往往与标准层不同，所以一般在建筑物主体施工到3～5层时开始安装整体脚手架。下面几层施工时往往要先搭设落地外脚手架。

(2) 安装。先安装承力架，承力架内侧用M25～M30的螺栓与混凝土边梁固定，承力架外侧用斜拉杆与上层边梁拉结固定，用斜拉杆中部的花篮螺栓将承力架调平；再在承力架上面搭设架子，安装承力架上的立杆；然后，搭设下面的承力桁架；再逐步搭设整个架体，随搭随设置拉结点并设斜撑。在比承力架高2层的位置安装工字钢挑梁，挑梁与混凝土边梁的连接方法与承力架相同。电动倒链挂在挑梁下，并将电动倒链的吊钩挂在承力架的花篮挑梁上。在架体上，每个层高满铺厚木板，架体外面挂安全网。

(3) 爬升。短暂开动电动倒链，将电动倒链与承力架之间的吊链拉紧，使其处在初始受力状态。松开架体与建筑物的固定拉结点。松开承力架与建筑物相连的螺栓和斜拉杆，开动电动倒链开始爬升，爬升过程中应随时观察架子的同步情况，如发现不同步应及时停机进行调整。爬升到位后，先安装承力架与混凝土边梁的紧固螺栓，并将承力架的斜拉杆与上层边梁固定，然后安装架体上部与建筑物的各拉结点。待检查符合安全要求后，脚手架可开始使用，进行上一层的主体施工。在新一层主体施工期间，将电动倒链及其

挑梁摘下，用滑轮或手动倒链转至上一层重新安装，为下一层爬升做准备。

（4）下降。与爬升操作顺序相反，利用电动倒链顺着爬升用的墙体预留孔倒行，脚手架即可逐层下降，同时把留在墙面上的预留孔修补完毕，最后脚手架返回地面。

（5）拆除。爬架拆除前应清理脚手架上的杂物。拆除方式与互升降式脚手架类似。

第二节　砌体工程施工准备

一、砌筑砂浆

（一）砌筑砂浆配合比的试验、调整与确定

试配时应采用工程中实际采用的材料，并采用机械搅拌。搅拌时间，应自投料结束算起，对水泥砂浆和水泥混合砂浆，不得少于120s；对掺用粉煤灰和外加剂的砂浆不得少于180s。

按计算或查表所得的配合比进行试拌时，应测定砂浆拌和物的稠度和分层度，当不能满足要求时，应调整材料用量，直到符合要求为止。然后确定为试配时的砂浆基准配合比。

试配时至少应采用三个不同的配合比，其中一个为基准配合比，其他配合比的水泥用量应按基准配合比分别增加及减少10%，在保证稠度、分层度合格的条件下，可将用水量或掺合料用量做相应调整。三组配合比分别成型、养护，测定28d砂浆强度，由此确定符合试配强度要求且水泥用量最低的配合比作为砂浆配合比（砂浆配合比确定后，当原材料有变更时，其配合比必须重新通过试验确定）。

（二）预拌砂浆

砌体结构工程使用的预拌砂浆，应符合设计要求及国家现行标准的规定。不同品种和强度等级的产品应分别运输、储存和标识，不得混杂。

湿拌砂浆应采用专用搅拌车运输，湿拌砂浆运至施工现场后，应进行

稠度检验，除直接使用外，应储存在不吸水的专用容器内，并应根据不同季节采取遮阳、保温和防雨雪措施。湿拌砂浆在储存、使用过程中不应加水。当存放过程中出现少量泌水时，应拌和均匀后使用。

干混砂浆及其他专用砂浆在运输和储存过程中，不得淋水、受潮、靠近火源或高温。袋装砂浆应防止硬物划破包装袋。干混砂浆及其他专用砂浆储存期不应超过3个月；超过3个月的干混砂浆在使用前应重新检验，检验合格方可使用。

优先采用干混砂浆。干混砂浆进场使用前，应分批对其稠度、抗压强度进行复验。

（三）现场拌制砂浆

现场拌制砌筑砂浆时，应采用机械搅拌，搅拌时间自投料完起算，应符合下列规定：

（1）水泥砂浆和水泥混合砂浆不应少于120s;

（2）水泥粉煤灰砂浆和掺用外加剂的砂浆不应少于180s;

（3）掺液体增塑剂的砂浆，应先将水泥、砂干拌混合均匀后，将混有增塑剂的拌和水倒入干混砂浆中继续搅拌；掺固体增塑剂的砂浆，应先将水泥、砂和增塑剂干拌混合均匀后，将拌和水倒入其中继续搅拌。从加水开始，搅拌时间不应少于210s。

现场搅拌的砂浆应随拌随用，拌制的砂浆应在3h内使用完毕；当施工期间最高气温超过30℃时，应在2h内使用完毕。对掺用缓凝剂的砂浆，其使用时间可根据其缓凝时间的试验结果确定。

（四）砌筑砂浆质量验收标准

（1）当在使用中对水泥质量有怀疑或水泥出厂超过3个月（快硬硅酸盐水泥超过1个月）时，应进行复查试验，并按其结果使用。不同品种的水泥，不得混合使用。

抽检数量：按同一生产厂家、同品种、同等级、同批号连续进场的水泥，袋装水泥不超过200t为一批，散装水泥不超过500t为一批，每批抽样不少于一次。

检验方法：检查产品合格证、出厂检验报告和进场复验报告。

(2) 砂浆用砂宜采用过筛中砂，并应满足下列要求：

① 不应混有草根、树叶、树枝、塑料、煤块、炉渣等杂物。

② 砂中含泥量、泥块含量、石粉含量、云母、轻物质、有机物、硫化物、硫酸盐及氯盐含量等应符合现行行业标准《普通混凝土用砂、石质量及检验方法标准》(JGJ 52—2006) 的相关规定。

③ 人工砂、山砂及特细砂，应经试配能满足砌筑砂浆技术条件要求。

(3) 拌制水泥混合砂浆的粉煤灰、建筑生石灰、建筑生石灰粉及石灰膏应符合下列规定：

① 粉煤灰、建筑生石灰、建筑生石灰粉的品质指标应符合现行行业标准《建筑生石灰》(JC/T 479—2013) 的相关规定。

② 建筑生石灰、建筑生石灰粉熟化为石灰膏，其熟化时间分别不得少于7d和2d；沉淀池中储存的石灰膏，应防止干燥、冻结和污染，严禁使用脱水硬化的石灰膏；建筑生石灰粉、消石灰粉不得代替石灰膏配制水泥石灰砂浆。

③ 石灰膏的用量，应按稠度（120 ± 5）mm计量，现场施工中石灰膏不同稠度的换算系数可按照有关规定确定。

(4) 拌制砂浆用水的水质，应符合现行行业标准《混凝土用水标准》(JGJ 63-2006) 的相关规定。

(5) 砌筑砂浆应进行配合比设计。当砌筑砂浆的组成材料有变更时，其配合比应重新确定。

(6) 施工中不应采用强度等级小于M5水泥砂浆替代同强度等级水泥混合砂浆，如须替代，应将水泥砂浆提高一个强度等级。

(7) 在砂浆中掺入的砌筑砂浆增塑剂、早强剂、缓凝剂、防冻剂、防水剂等砂浆外加剂，其品种和用量应经有资质的检测单位检验和试配确定。所用外加剂的技术性能应符合国家现行有关标准《砌筑砂浆增塑剂》(JG/T 164—2004)、《混凝土外加剂》(GB 8076—2008)、《砂浆、混凝土防水剂》(JC 474—2008) 的质量要求。

(8) 配制砌筑砂浆时，各组分材料应采用质量计量，水泥及各种外加剂配料的允许偏差为 ±2%；砂、粉煤灰、石灰膏等配料的允许偏差为 ±5%。

(9) 砌筑砂浆应采用机械搅拌，自投料完算起，搅拌时间应符合下列

规定:

① 水泥砂浆和水泥混合砂浆不得少于120s。

②) 水泥粉煤灰砂浆和掺用外加剂的砂浆不得少于180s。

③ 掺增塑剂的砂浆，其搅拌方式、搅拌时间应符合现行行业标准《砌筑砂浆增塑剂》(JG/T 164—2004) 的相关规定。

④ 干混砂浆及加气混凝土砌块专用砂浆宜按掺用外加剂的砂浆确定搅拌时间或按产品说明书采用。

(10) 现场拌制的砂浆应随拌随用，拌制的砂浆应3h内使用完毕；当施工期间最高气温超过30℃时，应在2h内使用完毕。预拌砂浆及蒸压加气混凝土砌块专用砌筑砂浆的使用时间应按照厂方提供的说明书确定。

(11) 砌体结构工程使用的湿拌砂浆，除直接使用外必须储存在不吸水的专用容器内，并根据气候条件采取遮阳、保温、防雨雪等措施，砂浆在储存过程中严禁随意加水。

(12) 砌筑砂浆试块强度验收时其强度合格标准应符合下列规定:

① 同一验收批砂浆试块强度平均值应大于或等于设计强度等级值的1.10倍。

② 同一验收批砂浆试块抗压强度的最小一组平均值应大于或等于设计强度等级值的85%。

抽检数量: 每一检验批且不超过250m^{3}砌体的各类、各强度等级的普通砌筑砂浆，每台搅拌机应至少抽检一次。验收批的预拌砂浆、蒸压加气混凝土砌块专用砂浆，抽检可为3组。

检验方法: 在砂浆搅拌机出料口或在湿拌砂浆的储存容器出料口随机取样制作砂浆试块 (现场拌制的砂浆，同盘砂浆只应制作一组试块)，标养试块28d后做强度试验。预拌砂浆中的湿拌砂浆稠度应在进场时取样检验。

(13) 当施工中或验收时出现下列情况，可采用现场检验方法对砂浆或砌体强度进行实体检测，并判定其强度:

① 砂浆试块缺乏代表性或试块数量不足。

② 对砂浆试块的试验结果有怀疑或有争议。

③ 砂浆试块的试验结果，不能满足设计要求。

④ 发生工程事故，需要进一步分析事故原因。

二、砖、砌块

(一) 砖

(1) 砖的品种、强度等级必须符合设计要求，并应规格一致，有出厂合格证、产品性能检测报告。

(2) 砌体砌筑时，混凝土多孔砖、混凝土实心砖、蒸压灰砂砖、蒸压粉煤灰砖等块体的产品龄期不应小于28d。

(3) 有冻胀环境和条件的地区，地面以下或防潮层以下的砌体，不应采用多孔砖。

(4) 不同品种的砖不得在同一楼层混砌。

(5) 砌筑烧结普通砖、烧结多孔砖、烧结空心砖、蒸压灰砂砖、蒸压粉煤灰砖砌体时，砖应提前1～2d适度湿润；混凝土多孔砖及混凝土实心砖不须浇水湿润。

(二) 砌块

(1) 普通混凝土小型空心砌块、轻集料混凝土小型空心砌块、蒸压加气混凝土砌块的产品龄期不应小于28d。

(2) 承重墙体使用的小砌块应完整、无破损、无裂缝。

(3) 小砌块砌筑时的含水量，对普通混凝土小砌块，宜为自然含水量，不须对小砌块浇水湿润，当天气干燥炎热时，宜在砌筑前对其喷水湿润；不得雨天施工，小砌块表面有浮水时，不得使用。

(4) 采用普通砌筑砂浆砌筑填充墙时，吸水率较大的轻集料混凝土小型空心砌块应提前1～2d浇(喷)水湿润。吸水率较小的轻集料混凝土小型空心砌块及采用薄灰砌筑法施工的蒸压加气混凝土砌块，砌筑前不应对其浇(喷)水湿润；在气候干燥炎热的情况下，对吸水率较小的轻集料混凝土小型空心砌块宜在砌筑前喷水湿润。

(5) 蒸压加气混凝土砌块、轻集料混凝土小型空心砌块、烧结空心砖等的运输、装卸过程中，严禁抛掷和倾倒；进场后应按品种、规格堆放整齐，堆置高度不宜超过2m。

(三) 石材

(1) 石砌体采用的石材应质地坚实，无裂纹和无明显风化剥落，一般采用毛石、毛料石、粗料石、细料石等。

(2) 用于清水墙、柱的石材外露面，不应存在断裂、缺角等缺陷，并应色泽均匀。

(3) 石材的放射性应经检验，其安全性应符合现行国家标准《建筑材料放射性核素限量》(GB 6566—2010) 的有关规定。

(4) 石材表面的泥垢、水锈等杂质，砌筑前应清除干净。

(5) 毛石砌体所用毛石应无风化剥落和裂纹，无细长扁薄片和尖锥，毛石应呈块状，其中部厚度不宜小于150mm。

三、砌筑工具和机械

(一) 脚手架

一般砌筑高度在1.2m以上时，即需要安装脚手架以便砌筑施工。脚手架应根据施工进度随砌随搭。外脚手架必须按脚手架专项施工方案搭设，并经检查验收符合安全及使用要求。

(二) 运输机具

砌筑工程采用的运输机具有手推车、塔式起重机、井架、施工电梯、灰浆泵等。砌筑前应按施工组织设计的要求组织相应的机具进场、安装、调试。大型运输机械，如塔式起重机、井架、施工电梯、灰浆泵等应由具有资质的专业公司、人员进行装拆。

(三) 搅拌机械

搅拌机械主要包括砂浆搅拌机和混凝土搅拌机。

(四) 砌筑及检测工具

常用的砌筑及检测工具包括瓦刀、刨锈、大铲、铺灰铲、刀锯、手摇

钻、平直架、镂槽器、托线板、线坠、小白线、卷尺、2m靠尺、楔形塞尺、筛子、水平尺、皮数杆、灰槽、砖夹子、扫帚等。

第三节　砖砌体工程施工

一、砖砌体的组砌方式

普通砖墙的砌筑形式主要有一顺一丁、梅花丁和三顺一丁三种。

(一) 一顺一丁

一顺一丁是一皮全部顺砖与一皮全部丁砖间隔组砌。上下皮竖缝相互错开1/4砖长。这种砌法效率较高，适用于砌一砖、一砖半及二砖墙。

(二) 梅花丁

梅花丁是每皮中丁砖与顺砖相隔，上皮丁砖坐中于下皮顺砖，上下皮间竖缝相互错开1/4砖长。采用这种砌法，内外竖缝每皮都能避开，故整体性较好，灰缝整齐，比较美观，但砌筑效率较低，适用砌一砖及一砖半墙。

(三) 三顺一丁

三顺一丁是三皮顺砖间隔一皮丁砖的组砌方法。上下皮顺砖搭接半砖长，丁砖与顺砖搭接1/4砖长，同时要求山墙与檐墙的丁砖层不在同一皮砖上，以利于错缝搭接。

(四) 其他砌法

其他砌法还有全顺砌法、全丁砌法、两平一侧砌法。

墙厚为3/4砖时，平砌砖均为顺砖，上下皮平砌顺砖间竖缝相互错开1/2砖长；上下皮平砌顺砖与侧砌顺砖间竖缝相互错开1/2砖长。当墙厚为5/4砖长时，上下皮平砌顺砖与侧砌顺砖间竖缝相互错开1/2砖长；上下皮平砌丁砖与侧砌顺砖间竖缝相互错开1/4砖长。这种形式适合砌筑3/4砖墙及5/4砖墙。

为了使砖墙的转角处各皮间竖缝相互错开，必须在外角处砌七分头砖（3/4 砖长）。当采用一顺一丁组砌时，七分头的顺面方向依次砌顺砖，丁面方向依次砌丁砖。

砖墙的丁字接头处，应分皮相互砌通，内角相交处竖缝应错开 1/4 砖长，并在横墙端头处加砌七分头砖。

砖墙的十字接头处，应分皮相互砌通，交角处的竖缝应相互错开 1/4 砖长。

二、砖砌体的施工

1. 砖基础施工

（1）抄平、放线。抄平：当第一层砖的水平灰缝厚度大于 20mm 时，应用 C15 细石混凝土找平；放线：根据轴线桩及图纸上标注的基础尺寸，在混凝土垫层上用墨线弹出轴线和基础边线；砌筑基础前，应校核放线尺寸。

（2）确定组砌方法。组砌方法应正确，一般采用满丁满条。里外咬因，上下层错缝，采用“三一”砌砖法（一铲灰，一块砖，一挤揉），严禁用水冲砂浆灌缝的方法。

（3）排砖撂底。

① 基础大放脚的撂底尺寸及收退方法必须符合设计图纸规定，如一层一退，里外均应砌丁砖；如二层一退，第一层为条砖，第二层砌丁砖。

② 大放脚的转角处、交接处，为错缝需要应加砌七分头，其数量为一砖半厚墙放三块，二砖墙放四块，以此类推。

（4）基础砌筑。

① 砌筑前，砖应提前 1 ~ 2d 浇水湿润；基础垫层表面应清扫干净，洒水湿润。

② 砌筑时，先基础盘角，每次盘角高度不应超过五层砖，随盘随靠平、吊直；采用“三一”砌砖法砌筑。

③ 砌至大放脚上部时，要拉线检查轴线及边线，保证基础墙身位置正确。同时，还要对照皮数杆的砖层及标高，如有偏差时，应在基础墙水平灰缝中逐渐调整，使墙的层数与皮数杆一致。

④ 砌基础墙应挂线，240mm 墙反手挂线，370mm 以上墙应双面挂线；竖向灰缝不得出现透明缝、瞎缝和假缝。

（5）铺抹防潮层。基础防潮层应在基础墙全部砌到设计标高，并在室内回填土已完成时进行。防潮层可以采用以下做法：

① 一般是铺抹20mm厚的防水砂浆。防水砂浆可采用1：2.5水泥砂浆加入水泥质量的3%～5%的防水剂搅拌而成。如使用防水粉，应先把粉剂加水，搅拌成均匀的稠浆再添加到砂浆中去。不允许用砌墙砂浆加防水剂来抹防潮层。

② 浇筑60mm厚的细石混凝土防潮层。对防水要求高的可在砂浆层上铺油毡，但在抗震设防地区不能用。抹防潮层时，应先在基础墙顶的侧面抄出水平标高线，然后用靠尺夹在基础墙两侧，尺面按水平标高线找准，随后摊铺防水砂浆，待初凝后再用木抹子收压一遍，做到平实且表面拉毛。

2. 砖墙的施工

砖墙的砌筑一般有找平、放线、摆砖、立皮数杆、盘角、挂线、砌筑、勾缝、清理等工序。

（1）找平、放线。建筑底层排轴线时应先定出基准轴线，并从基准轴线开始丈量并复核其他轴线。基准轴线确定后，便以此为始端向另一端推进（如基准轴线在中间部位，则分别向两端推进），用钢尺丈量出各道轴线，并在远端外墙轴线处校核。各楼层排轴线，也应先引测出基准轴线，然后按同样的方向、顺序排出全部轴线。

楼层的轴线引测及复查，可以采用经纬仪观测或垂球吊引的方法。在多层砖混结构施工中以垂球吊引法为多，且简单易行。当各楼层墙体轴线及墙面垂直度发生偏差，不超出质量允许值时，可按逐层分散纠偏原则处理误差。纠察结果必须符合设计及规范规定。

砌墙前先在基础防潮层或楼面上定出各层标高，并用水泥砂浆或C10细石混凝土找平，然后根据轴线，弹出墙身轴线、边线及门窗洞口位置。

（2）摆砖。摆砖，又称摆脚，是指在放线的基面上按选定的组砌方式用干砖试摆。目的是校对所放出的墨线在门窗洞口、附墙垛等处是否符合砖的模数，以尽可能减少砍砖，并使砌体灰缝均匀、组砌得当。一般在房屋外纵墙方向摆顺砖，在山墙方向摆丁砖，摆砖由一个大角摆到另一个大角，砖与砖之间留10mm缝隙。

（3）立皮数杆。皮数杆是指在其上画有每皮砖和灰缝厚度，以及门窗洞

口、过梁、楼板等高度位置的一种标杆。砌筑时用来控制墙体竖向尺寸及各部位构件的竖向标高，并保证灰缝厚度的均匀性。

皮数杆一般设置在房屋的四大角以及纵横墙的交接处，如墙面过长，应每隔10~15m立一根。皮数杆须用水平仪统一竖立，使皮数杆上的±0.000与建筑物的土0.000相吻合，以后就可以向上接皮数杆。

(4) 盘角、挂线。墙角是控制墙面横平竖直的主要依据，所以，一般砌筑时应先砌墙角，墙角砖层高度必须与皮数杆相符合，做到“三皮一吊，五皮一靠”。墙角必须双向垂直。

墙角砌好后，即可挂小线，作为砌筑中间墙体的依据，以保证墙面平整，一般一砖墙、一砖半墙则应用双面挂线。

(5) 砌筑、勾缝。砌筑操作方法各地不一，但应保证砌筑质量要求。通常采用“三一砌砖法”，即一块砖、一铲灰、一揉压，并随手将挤出的砂浆刮去的砌筑方法。这种砌法的优点是灰缝容易饱满、黏结力好、墙面整齐。

勾缝是砌清水墙的最后一道工序，可以用砂浆随砌随勾缝，叫作原浆勾缝；也可砌完墙后再用1∶1.5水泥砂浆或加色砂浆勾缝，称为加浆勾缝。勾缝具有保护墙面和增加墙面美观的作用，为了确保勾缝质量，勾缝前应清除墙面黏结的砂浆和杂物，并洒水润湿，在砌完墙后，应画出10mm的灰槽，灰缝可勾成凹、平、斜或凸形。勾完缝后还应清扫墙面。

三、砖砌体的施工要点及质量标准

(一) 施工要点

(1) 全部砖墙应平行砌起，砖层必须水平，砖层正确位置用皮数杆控制，基础和每楼层砌完后必须校对一次水平、轴线和标高，在允许偏差范围内，其偏差值应在基础或楼板顶面进行调整。

(2) 砖墙的水平灰缝和竖向灰缝宽度一般为10mm，但不小于8mm，也不应大于12mm。水平灰缝的砂浆饱满度不得低于80%，竖向灰缝宜采用挤浆或加浆方法，使其砂浆饱满，严禁用水冲浆灌缝。

(3) 砖墙的转角处和交接处应同时砌筑。当不能同时砌筑而又必须留楼时，应砌成斜槎，斜楼长度不应小于高度的2/3。

抗震设防及抗震设防烈度为6度、7度地区的临时间断处，当不能留斜槎时，除转角处外，可留直槎，但必须做成凸槎，并加设拉结筋。拉结筋的数量为每120mm墙厚放置1φ6拉结钢筋且不得少于两根，拉结钢筋间距沿墙高不应超过500mm，埋入长度从留槎处算起每边均不应小于500mm，对抗震设防烈度为6度、7度的地区，不应小于1000mm，末端应有90°弯钩。抗震设防地区不得留直槎。

（4）隔墙与承重墙如不同时砌起而又不留成斜槎时，可于承重墙中引出阳槎，并在其灰缝中预埋拉结筋，其构造与上述相同，但每道不少于2根。抗震设防地区的隔墙，除应留阳槎外，还应设置拉结筋。

（5）砖墙接槎时，必须将接槎处的表面清理干净，浇水润湿，并应填实砂浆，保持灰缝平直。

（6）每层承重墙的最上一皮砖、梁或梁垫的下面及挑檐、腰线等处，应是整砖丁砌。填充墙砌至接近梁、板底时，应留一定空隙，待填充墙砌筑完并至少间隔7d后，再将其补砌挤紧。

（7）砖墙中留置临时施工洞口时，其侧边离交接处的墙面不应小于500mm，洞口净宽度不应超过1m。

（8）砖墙相邻工作段的高度差，不得超过一个楼层的高度，也不宜大于4m。工作段的分段位置应设在伸缩缝、沉降缝、防震缝或门窗洞口处。砖墙临时间断处的高度差，不得超过一步脚手架的高度。

（9）在下列墙体或部位中不得留设脚手眼：

①120mm厚墙、料石墙、清水墙、独立柱和附墙柱；

②过梁上与过梁呈60°的三角形范围及过梁净跨度1/2的高度范围内；

③宽度小于1m的窗间墙；

④砌体门窗洞口两侧200mm（石砌体为300mm）和转角处450mm（石砌体为600mm）范围内；

⑤梁或梁垫下及其左右500mm范围内；

⑥设计不允许设置脚手眼的部位。

（二）质量标准

(1) 一般规定。

① 用于清水墙、柱表面的砖，应边角整齐，色泽均匀。

② 有冻胀环境和条件的地区，地面以下或防潮层以下的砌体，不宜采用多孔砖。

③ 砌筑烧结普通砖、烧结多孔砖、蒸压灰砂砖、蒸压粉煤灰砖砌体时，砖应提前 1～2d 适度湿润，严禁采用干砖或处于吸水饱和状态的砖砌筑，块体湿润程度应符合下列规定：烧结类块体的相对含水率为 60%～70%；混凝土多孔砖及混凝土实心砖不须浇水湿润，但在气候干燥炎热的情况下，宜在砌筑前对其喷水湿润。其他非烧结类块体的相对含水率为 40%～50%。

④ 采用铺浆法砌筑砌体，铺浆长度不得超过 750mm；施工期间气温超过 30℃时，铺浆长度不得超过 500mm。

⑤240mm 厚承重墙的每层墙的最上一皮砖、砖砌体的阶台水平面上及挑出层的外皮砖，应整砖丁砌。

⑥ 弧拱式及平拱式过梁的灰缝应砌成楔形缝，拱底灰缝宽度不宜小于 5mm，拱顶灰缝宽度不应大于 15mm，拱体的纵向及横向灰缝应填实砂浆；平拱式过梁拱脚下面应伸入墙内不小于 20mm；砖砌平拱过梁底应有 1% 的起拱。

⑦ 砖过梁底部的模板及其支架拆除时，灰缝砂浆强度不应低于设计强度的 75%。

⑧ 多孔砖的孔洞应垂直于受压面砌筑。半盲孔多孔砖的封底面应朝上砌筑。

⑨ 竖向灰缝不应出现瞎缝、透明缝和假缝。

⑩ 砌体砌筑时，混凝土多孔砖、混凝土实心砖、蒸压灰砂砖、蒸压粉煤灰砖等块体的产品龄期不应小于 28d。

⑪ 砖砌体施工临时间断处补砌时，必须将接槎处表面清理干净，洒水湿润，并填实砂浆，保持灰缝平直。

(2) 主控项目。

① 砖和砂浆的强度等级必须符合设计要求。

② 砌体灰缝砂浆应密实饱满，砖墙水平灰缝的砂浆饱满度不得低于80%，砖柱水平灰缝和竖向灰缝的饱满度不得低于90%。

③ 砖砌体的转角处和交接处应同时砌筑，严禁无可靠措施的内外墙分砌施工。在抗震设防烈度为8度及8度以上地区，对不能同时砌筑而又必须留置的临时间断处应砌成斜槎，普通砖砌体斜槎水平投影长度不应小于高度的2/3，多孔砖砌体的斜槎长高比不应小于1/2。斜槎高度不得超过一步脚手架的高度。

④ 非抗震设防及抗震设防烈度为6度、7度地区的临时间断处，当不能留斜槎时，除转角处外，可留直槎，但直槎必须做成凸槎，且应加设拉结钢筋，拉结钢筋的数量为每120mm墙厚放置1φ6拉结钢筋（120mm厚墙放置2φ6拉结钢筋），间距沿墙高不应超过500mm，且竖向间距偏差不应超过100mm；埋入长度从留槎处算起每边均不应小于500mm，对抗震设防烈度6度、7度的地区，不应小于1000mm；末端应有90°弯钩。

（3）一般项目。

① 砖砌体组砌方法应正确，内外搭砌，上、下错缝。砖柱不得采用包心砌法。清水墙、窗间墙无通缝；混水墙中不得有长度大于300mm的通缝，长度200～300mm的通缝每间不超过3处，且不得位于同一面墙体上。

② 砖砌的灰缝应横平竖直，厚薄均匀。水平灰缝厚度及竖向灰缝宽度宜为10mm，但不应小于8mm，也不应大于12mm。

四、砖砌体安全环保措施

（一）安全措施

（1）安全区域采用封闭管理，坑、槽边设防护栏。夜间应设红灯标志。

（2）在基坑延边作业时，应观察坑槽壁、边土坡体松动情况、有无松动裂缝，必要时可在土体松动、塌方处采取钢管、土板、土方支撑等安全支护措施。施工中如发生坍塌，应立即停工，人员撤至安全地点。

（3）施工现场的一切电源、电路的安装和拆除应有持证电工操作。

(二) 环保措施

(1) 现场施工时对扬尘应有控制措施。施工道路应设专人洒水，堆土应覆盖。

(2) 在城市和居民区施工时应采用低噪声装备或工具、合理安排作业时间等防止噪声措施，并应遵守当地关于防止噪声的规定。

第四节　砌块砌体工程施工

一、加气混凝土砌块砌筑

(一) 蒸压加气混凝土砌块进场检验

蒸压加气混凝土砌块是以水泥、矿渣、砂、石灰等为主要原料，加入发气剂，经搅拌成型、蒸压养护而成的实心砌块。加气混凝土砌块应符合国家标准《蒸压加气混凝土砌块》(GB 11968—2020) 的规定。

1. 抽样规则

(1) 同品种、同规格、同等级的砌块，以 1 万块为一批，不足 1 万块亦为一批，随机抽取 50 块砌块，进行尺寸偏差、外观检验。

(2) 从外观与尺寸偏差检验合格的砌块中，随机抽取 6 块砌块制作试件，进行如下项目检验。

① 干密度：3 组 9 块；

② 强度级别：3 组 9 块。

2. 判定规则

蒸压加气混凝土砌块应有产品质量证明书。进场检验中受检验产品的尺寸偏差、外观质量、立方体抗压强度、干密度各项检验全部符合相应等级的技术要求规定时，判定为相应等级；否则降等级或判定为不合格。

(1) 尺寸偏差、外观质量：若受检的 50 块砌块中，尺寸偏差和外观质量不符合规定的砌块数量不超过 5 块时，判定该批砌块符合相应等级；若不符合规定的砌块数量超过 5 块时，判定该批砌块不符合相应等级。

(2) 干密度：以3组干密度试件的测定结果平均值判定砌块的干密度级别，符合规定时则判定该批砌块合格。

(3) 立方体抗压强度：以3组抗压强度试件测定结果按规定判定其强度级别。当强度和干密度级别关系符合规定，同时，3组试件中各个单组抗压强度平均值全部大于规定的此强度级别的最小值时，判定该批砌块符合相应等级；若有1组或1组以上此强度级别的最小值时，判定该批砌块不符合相应等级。

(二) 蒸压加气混凝土砌块砌筑工艺

1. 施工准备

(1) 技术准备。

① 砌筑前，应认真熟悉图纸，审核施工图纸。

② 编制蒸压加气混凝土砌块填充墙施工技术交底。

③ 委托材料复试、砌筑砂浆配合比设计。

④ 核查门窗洞口位置及洞口尺寸，明确预留位置，计算窗台及过梁标高。

(2) 材料要求。

① 加气混凝土砌块：具有出厂合格证，其强度等级及干密度必须符合设计要求及施工规范的规定。

② 水泥：宜采用32.5级普通硅酸盐水泥、矿渣硅酸盐水泥或复合硅酸盐水泥。水泥应有出厂质量证明，水泥进场使用前应分批对其强度、安定性进行复验。检验批应以同一生产厂家、同一编号为一批。

③ 砂：宜用中砂，过5mm孔径筛子，并不应含有杂物。砂含泥量，对强度等级等于和高于M5的砂浆，不应超过5%。

④ 掺合料：石灰膏熟化时不得少于7d。

⑤ 水：拌制砂浆用饮用水即可。

⑥ 其他材料。

a. 墙体拉结钢筋，预埋于构造柱内的拉结钢筋要事先下料加工成型，放置于作业面随砌随用。框架拉结钢筋要事先预埋在结构墙柱中，砌筑前焊接接长；如果采用后置式与结构锚固，要进行拉拔强度试验。

b. 门、窗洞口木砖事先制作，并进行防腐处理；固定外窗用的混凝土块事先制作。

c. 门、窗洞口预制混凝土过梁，按规格堆放。

(3) 施工机具准备。

① 施工机械：砂浆搅拌机、垂直运输机械等。

② 工具用具：磅秤、筛子、铁锹、小推车、喷水壶、小白线、大铲或瓦刀、手锯、灰斗、线坠、皮数杆、托线板等。

③ 检测设备：水准仪、经纬仪、钢卷尺、靠尺、百格网、砂浆试模等。

(4) 作业条件准备。

① 弹出楼层轴线或主要控制线，制作皮数杆。

② 构造柱钢筋绑扎，隐检验收完毕。

③ 确定砌筑砂浆配合比，有书面配合比试配单。

④ 做好水电管线的预留预埋工作。

⑤ 外防护脚手架应随着楼层搭设完毕，已准备好工具式脚手架。

⑥“三宝”配备齐全，“四口”和临边做好防护。

2. 蒸压加气混凝土砌块砌筑操作要求

(1) 基层清理。在砌筑砖体前应对墙基层进行清理，将楼层上的浮浆、灰尘清扫冲洗干净，并浇水使基层湿润。

(2) 墙体放线。根据楼层中的控制轴线，测放出每一楼层墙体的轴线和门窗洞口的位置线，将窗台和窗顶标高画在框架柱上。施工放线完成后，经监理工程师验收合格，方可砌筑墙体。

(3) 立皮数杆、排砖摞底。

① 在皮数杆上标出砖的皮数及灰缝厚度，并标出窗台、洞口及墙梁等构造标高。

② 根据要砌筑的墙体长度、高度试排砖，摆出门、窗及孔洞位置。

③ 砌筑前应预先试排砌块，并优先使用整体砌块。当墙长与砌块不符合模数时，可锯裁加气混凝土砌块，长度不应小于砌块长度的 1/3。

(4) 砌墙。

① 砌筑前，墙底部应砌烧结普通砖或多孔砖，或现浇 C20 混凝土坎台，其高度不宜小于 150mm。

② 框架柱、剪力墙侧面等结构部位应预埋 $\varphi6$ 的拉墙筋和圈梁的插筋，或者结构施工后植钢筋。

③ 加气混凝土砌块，宜采用铺浆法砌筑，垂直灰缝宜采用内外夹板夹紧后灌缝。水平灰缝厚度和竖向灰缝宽度分别宜为 15mm 和 20mm，灰缝应横平竖直、砂浆饱满，宜进行勾缝。水平灰缝和垂直灰缝砂浆饱满度不小于 80%。

④ 断开砌块时，应使用手锯、切割机等工具锯裁整齐，不允许用斧或瓦刀任意砍劈。蒸压加气混凝土砌块搭砌长度不应小于砌块总长的 1/3，竖向通缝不应大于 2 皮砌块。

⑤ 砌块墙的转角处应隔皮纵、横墙砌块相互搭砌。砌块墙的 T 形交接处应使横墙砌块隔断面露头。

⑥ 有抗震要求的填充墙砌体，严格按设计要求留设构造柱，当设计无要求时，按墙长度每 5m 设构造柱。构造柱应置于墙的端部、墙角和 T 形交叉处。构造柱马牙磋应先退后进，进退尺寸大于 60mm，进退高度宜为砌块 1 ~ 2 层高度，且在 300mm 左右。填充墙与构造柱之间以 $\varphi6$ 拉结筋连接，拉结筋按墙厚每 120mm 放置一根，120mm 厚墙放置两根拉结筋。拉结筋埋于砌体的水平灰缝中，对抗震设防烈度 6 度、7 度的地区，不应小于 1000mm，末端应做 90° 弯钩。

⑦ 蒸压加气混凝土砌块不得与砖、其他砌块混砌。但因构造要求在墙底、墙顶及门窗洞口处局部采用烧结普通砖和多孔砖砌筑不视为混砌。

⑧ 填充墙砌至接近梁底、板底时，应留一定的空隙，待填充墙砌筑完并至少间隔 14d 后，再将其补砌挤紧，防止上部砌体因砂浆收缩而开裂。当上部空隙小于等于 20mm 时，用 1：2 水泥砂浆嵌填密实；稍大的空隙用细石混凝土镶填密实；大空隙用烧结普通砖或多孔砖宜成 60° 角斜砌挤紧，但砌筑砂浆必须密实，不允许出现平砌、生摆等现象。

二、轻集料混凝土小型空心砌块砌筑

(一) 小型空心砌块进场检验

轻集料混凝土就是用轻粗集料、轻砂（或普通砂）、水泥和水等原材料配

制而成的干表观密度不大于1950kg/m^{3}的混凝土。轻集料混凝土小型空心砌块就是用轻集料混凝土制成的小型空心砌块，应符合《轻集料混凝土小型空心砌块》(GB/T 15229—2011）的规定。

1. 小型空心砌块规格尺寸

小型空心砌块分为单排孔、双排孔、三排孔、四排孔等。主规格尺寸为390mm×190mm×190mm。其他规格尺寸可由供需双方商定。

2. 小型空心砌块的现场验收

(1) 组批规则。砌块按密度等级和强度等级分批验收。以用同一品种轻集料和水泥按同一生产工艺制成的相同密度等级和相同强度等级的300m^{3}砌块为一批；不足300m^{3}者亦按一批计。

(2) 抽样规则。出厂检验时，每批随机抽取32块做尺寸偏差和外观质量检验，再从尺寸偏差和外观质量检验合格的砌块中随机抽取如下数量进行以下项目的检验。

① 强度：5块。

② 密度、吸水率和相对含水率：3块。

(3) 判定规则。

① 尺寸偏差和外观质量检验的32个砌块中不合格品数少于7块，判定该批产品尺寸偏差和外观质量合格。

② 轻集料混凝土小型空心砌块应有产品合格证。当所有结果符合各项技术指标要求时，则判定该批产品合格。

(二) 小型空心砌块砌筑工艺

(1) 砌筑前，墙底部应砌烧结普通砖或多孔砖，或现浇强度等级为C20混凝土坎台，其高度不宜小于150mm。为使砌体与砂浆之间黏结牢固，砌筑时应提前2d浇水湿润，含水率宜控制在5%~8%。

(2) 框架柱、剪力墙侧面等结构部位应预埋$\varphi6$的拉结筋和圈梁的插筋，或者结构施工后植上钢筋。

(3) 轻集料混凝土小型空心砌块宜采用铺浆法砌筑。砌筑时，必须遵循“反砌”原则，每皮砌块底部朝上砌筑，上下皮应对孔错缝搭砌，搭砌长度一般为砌块长度的1/2，砌块搭砌长度不应小于90mm；竖向通缝不应大于2皮。

竖向灰缝厚度和水平灰缝厚度应为 8 ~ 12mm，垂直灰缝宜采用内外夹板夹紧后灌缝。灰缝应横平竖直，水平灰缝和垂直灰缝砂浆饱满度不小于 80%。

（4）填充墙与构造柱之间以 $\varphi6$ 拉结筋连接，拉结筋按墙厚每 120mm 放置一根，并埋于砌体的水平灰缝中，对抗震设防烈度 6 度、7 度的地区，不应小于 1000mm，末端应做 90° 弯钩。

（5）加气混凝土砌块不得与其他砖、砌块混砌。但因构造要求在墙底、墙顶及门窗洞口处局部采用烧结普通砖和多孔砖砌筑不视为混砌。

（6）填充墙砌至接近梁底、板底时，应留一定的空隙，待填充墙砌筑完并至少间隔 14d 后，再将其补砌挤紧，防止上部砌体因砂浆收缩而开裂。当上部空隙小于等于 20mm 时，用 1∶2 水泥砂浆嵌填密实；稍大的空隙用细石混凝土镶填密实；大空隙用烧结普通砖或多孔砖宜成 60° 角斜砌挤紧，但砌筑砂浆必须密实，不允许出现平砌、生摆等现象。

（7）轻集料混凝土小型空心砌块填充墙砌体与后塞口门窗与砌体间一般通过预埋混凝土块连接，通过射钉、膨胀螺栓等打入混凝土预埋块中即可。混凝土预埋块为与墙等厚、与砌块等高、砌入墙中 200 ~ 300mm 的正六面体。

三、石砌体工程施工

（一）毛石砌体的砌筑

1. 毛石材料要求

石料应选择质地坚硬、无风化剥落和裂纹、无细长扁薄和尖锥、无水锈的石块，其中部厚度不宜小于 200mm；强度不低于 MU20 标准。其品种、规格、颜色必须符合设计要求和有关施工规范的规定，并应有出厂合格证。

砌筑前应清除石块表面的泥垢、水锈等杂质，必要时用水清洗后方可使用。

石砌体所用砂浆应为水泥砂浆或水泥石灰混合砂浆，其品种与强度等级应符合设计要求。用于石基础砌筑的砂浆强度等级不应低于 M5 标准。砌筑砂浆应用机械搅拌，自投料完算起，不得少于 90s，砂浆应随拌随用，水泥砂浆和水泥石灰混合砂浆拌成后必须在 3 ~ 4h 内使用完毕。

2. 毛石砌体砌筑工艺

(1) 毛石基础砌体施工。

① 基础放线。基础砌筑前，应先检查基槽（或基坑）的尺寸和标高，清除杂物。接着进行基础放线，放出基础轴线及边线，立好基础皮数杆，皮数杆上标明退台及分层砌石高度。皮数杆之间要拉上准线。砌阶梯形基础时，还应定出立线和卧线。立线控制基础每阶的宽度，卧线控制每层高度及平整情况，并逐层向上移动。

② 毛石基础砌筑。毛石基础砌筑截面形式有矩形、阶梯形、梯形等。阶梯形毛石基础每一台阶至少砌两皮毛石。梯形毛石基础每砌一皮毛石收进一次。

根据设置的龙门板或中心桩放出基础轴线及边线，并抄平，在两端立好皮数杆，画出分层砌石高度，标出台阶收分尺寸。

毛石砌体的灰缝厚度宜为20～30mm，砂浆应饱满，石块间较大的空隙应先填塞砂浆后再用碎石块嵌实，不得采用先摆碎石后再塞砂浆或干填碎石块的方法。砌筑毛石基础应双面拉准线。第一皮按所放的基础边线砌筑，以上各皮按准线砌筑。砌第一皮毛石时，应选用有较大平面的石块，先在基坑底铺设砂浆，再将毛石砌上，使毛石的大面向下。并应分皮卧砌，应上下错缝，内外搭砌，不得采用先砌外面石块后中间填心的砌筑方法，石块间较大的空隙应先填塞砂浆后再用碎石嵌实，不得采用先摆碎石后塞砂浆或干填碎石的方法。

毛石基础每0.7m^3且每皮毛石内间距不大于2m设置1块拉结石，上下2皮拉结石的位置应错开，立面砌成梅花形。拉结石宽度：如基础宽度等于或小于400mm，拉结石宽度应与基础宽度相等；如基础宽度大于400mm，可用2块拉结石内外搭接，搭接长度不应小于150mm，且其中1块长度不应小于基础宽度的2/3。

阶梯形毛石基础，上阶石块应至少压下阶石块的1/2；相邻阶梯毛石应相互错缝搭接。毛石基础最上一皮宜选用较大的平毛石砌筑。转角处、交接处和洞口处应选用较大的平毛石砌筑。有高低台的毛石基础，应从低处砌起，并由高台向低台搭接，搭接长度不小于基础高度。毛石基础转角处和交接处应同时砌起，如不能同时砌起又必须留槎时，应留成斜槎，长度应不小

于斜槎高度，斜槎面上毛石不应找平，继续砌时应将斜槎面清理干净，浇水湿润。

每天砌完应在当天砌的砌体上，铺1层灰浆，表面应粗糙。夏季施工时，对刚砌完的砌体，应用草袋覆盖养护5 ~ 7d，避免风吹、日晒、雨淋。毛石基础全部砌完，要及时在基础两边均匀分层回填土，分层夯实。

(2) 毛石挡土墙墙身砌筑。

① 毛石挡土墙墙身砌筑。

A. 毛石的中部厚度不宜小于200mm。

B. 每砌3 ~ 4皮毛石为一个分层高度，每个分层高度应找平一次。

C. 外露面的灰缝厚度不得大于40mm，两个分层高度间的错缝不得小于80mm。

② 毛石挡土墙泄水孔施工。

A. 砌筑毛石挡土墙应按设计要求收坡或收台，设置伸缩缝和泄水孔。

B. 泄水孔应均匀设置，在挡土墙每米高度上间隔2m左右设置1个泄水孔。泄水孔可采用预埋钢管或硬塑料管方法留置。泄水孔周围的杂物应清理干净，并在泄水孔与土体间铺设长宽各为300mm、厚为200mm的卵石或碎石作为疏水层。

C. 挡土墙内侧回填土必须分层填实，分层填土厚度应为300mm，墙顶土面应有适当坡度，使水流向挡土墙外侧面。

③ 毛石挡土墙墙面勾缝。

A. 墙面勾缝形式。墙面勾缝形式有平缝、凹缝、凸缝。凹缝又分为平凹缝、半圆凹缝，凸缝又分为平凸缝、半圆凸缝、三角凸缝。一般料石墙面多采用平缝或平凹缝。

B. 墙面勾缝施工。

a. 墙面勾缝程序：拆除墙面或柱面上临时装设的电缆、挂钩等物。清除墙面或柱面上黏结的砂浆、泥浆、杂物和污渍等。剔缝，即将灰缝刮深20 ~ 30mm，不整齐处加以修整。用水喷洒墙面或柱面使其湿润，随后勾缝。

b. 墙面勾缝应采用加浆勾缝，并宜采用细砂拌制1∶1.5水泥砂浆，也可采用水泥石灰砂浆或掺入麻刀（纸筋）的青灰浆。有防渗要求的同样可用防水胶泥材料勾缝。

c. 勾平缝时，用抿子在托灰板上刮灰，塞进石缝中严密压实，表面压光。勾缝应顺石缝进行，缝与石面齐平，勾完一段后，用抿子将缝边毛槎修理整齐。

d. 勾平凸缝（半圆凸缝或三角凸缝）时，先用1：2的水泥砂浆抹平，待砂浆凝固后再抹一层砂浆，用抿子压实、压光，稍停等砂浆收水后，用专用工具捋成10～25mm宽窄一致的凸缝。

e. 墙面勾缝应从上向下、从一端向另一端依次进行。

f. 墙面勾缝缝路顺石缝进行且均匀一致，深浅、厚度相同，搭接平整、通顺。阳角勾缝两角方正，阴角勾缝不能上下直通。严禁有丢缝、开裂或黏结不牢等现象。

g. 勾缝完毕，清扫墙面或柱面，表面洒水养护，防止干裂和脱落。

(二) 料石砌体的砌筑

1. 料石材料要求

(1) 料石基础主要采用毛料或粗料石，料石墙体可以采用毛料石、粗料石、细料石，要求其材质必须质地坚实，无风化剥落和裂纹。用于清水墙、柱表面的石材，色泽应均匀。

(2) 料石应六面方整，四角齐全，边棱整齐。料石的宽度、厚度均不宜小于200mm，料石柱、标志性建筑及构筑物可采用细料石。选用的石材的品种、规格、颜色必须符合设计要求，长度不宜大于厚度的4倍。

(3) 料石表面的泥垢、水锈等杂质，砌筑前应清除干净。

(4) 石材的强度等级不应低于MU20。

(5) 料石砌体所用砂浆应为水泥砂浆或水泥石灰混合砂浆，其品种与强度等级应符合设计要求。用于料石基础砌筑的砂浆强度等级不应低于M5。用于料石墙体砌筑的砂浆强度等级不应低于M2.5。砂浆应用机械搅拌，应随拌随用，水泥砂浆和水泥石灰混合砂浆拌成后必须在3～4h内使用完毕。最高温度超过300℃时必须在拌和后2～3h内使用完毕。严禁使用过夜砂浆。

(6) 砂浆在运输过程中可能会产生离析、泌水现象，在使用前应人工二次搅拌。

(7) 混合砂浆中，不得含有块状石灰膏和未熟化的石灰颗粒。

2. 料石砌体砌筑工艺

(1) 料石墙施工。料石墙体砌体施工工艺流程：

① 料石砌筑前，应在基础顶面上放出墙身中线和边线及门窗洞口位置线，并抄平，立皮数杆，拉准线。

② 料石砌筑前，必须按照组砌图将料石试排妥当后才能开始砌筑。

③ 料石墙应双面拉线砌筑，全顺叠砌单面挂线砌筑。先砌转角处和交接处，后砌中间部分。

④ 料石墙的第一皮及每个楼层的最上一皮应丁砌。

⑤ 料石墙采用铺浆法砌筑，料石灰缝厚度：毛料石墙砌体和粗料石墙砌体不宜大于20mm，细料石墙砌体不宜大于5mm。砂浆铺设厚度略高于规定灰缝厚度，其高出厚度：细料石为3～5mm，毛料石、粗料石宜为5～8mm。

⑥ 砌筑时，应先将料石里口落下，再慢慢移动就位，校正垂直与水平。在料石砌块校正到正确位置后，顺石面清除挤出的砂浆，然后向竖缝中灌浆。

⑦ 用整块料石做窗台板，其两端至少应伸入墙身100mm。在窗台板与其下部墙体之间（支座部分除外）应留空隙，并用沥青麻刀等材料嵌塞，以免两端下沉而折断石块。

⑧ 料石的转角处和交接处应同时砌筑，如不能同时砌筑则应留置斜楼。

⑨ 料石墙每天砌筑高度不应超过1.2m，料石墙中不得留设脚手眼。

⑩ 同一砌体面或同一砌体，应用色泽一致、加工粗细相同的料石砌筑。在料石砌筑中，必须保持砌体表面清洁。

⑪ 当设计允许采用垫片砌筑料石墙时，应按以下步骤进行：

A. 先将料石放在砌筑位置上，根据料石的平整情况和灰缝厚度的要求，在四角先用4块垫片（主垫）将料石垫平。

B. 移去垫平的料石，铺上砂浆，砂浆厚度应比垫片高出3～5mm。

C. 重新将移去的料石砌上，用锤轻轻敲击料石，使其平稳、牢固，随后将灰缝里挤出的灰浆清理干净。

D. 沿料石的长度和宽度，每隔150mm左右补加1块垫片（副垫）。垫片应伸进料石边10～15mm，避免因露垫片而影响最后的墙面勾缝。

(2) 料石柱施工。料石柱有整石柱和组砌柱两种。整石柱每一皮料石为整块，即叠砌面与柱截面相同，只有水平灰缝而无竖向灰缝；组砌柱每皮由几块料石组砌，上下皮竖缝相互错开。

① 料石柱砌筑前，应在柱座面上弹出柱身边线，在柱座侧面弹出柱身中心线。

② 整石柱所用石块四侧应弹出石块中心线。

③ 砌整石柱时，应将石块的叠砌面清理干净。先在柱座面上铺一层水泥砂浆，厚约 10mm，再将石块对准中心线砌上，以后各皮石块砌筑应先铺好砂浆，对准中心线将石块砌上。石块如有竖向偏斜，可用铜片或铝片在灰缝边缘内垫平。

④ 砌组砌柱时，应按规定的组砌形式逐皮砌筑，上下皮竖缝相互错开，无通天缝，不得使用垫片。

⑤ 灰缝要横平竖直。半细料石不宜大于 10mm，细料石不宜大于 5mm。砂浆铺设厚度略高于规定灰缝厚度，其高出厚度：细料石、半细料石为 3 ~ 5mm。

⑥ 砌筑料石柱应随时用线坠检查整个柱身的垂直，如有偏斜应拆除重砌，不得用敲击方法纠正。

⑦ 料石柱每天砌筑高度不宜超过 1.2m。砌筑完后应立即加以维护，严禁碰撞。

四、砌块砌体的施工要点及质量标准

(一) 施工要点

(1) 砌块墙体所采用的砂浆，应具有良好的和易性，其稠度以 50 ~ 70mm 为宜，铺灰应平整饱满，每次铺灰长度一般不超过 5m，炎热天气及严寒季节应适当缩短。

(2) 砌块安装通常采用两种方案：一种是以轻型塔式起重机进行砌块、砂浆的运输，以及楼板等预制构件的吊装，由台灵架吊装砌块；另一种是以井架进行材料的垂直运输、杠杆车进行楼板吊装，所有预制构件及材料的水平运输则用砌块车和劳动车，台灵架负责砌块的吊装。前者适用工程量大或

两幢房屋对翻流水的情况，后者适用工程量小的房屋。

砌块的吊装一般按施工段依次进行，其次序为先外后内、先远后近、先下后上，在相邻施工段之间留阶梯形斜槎。吊装时应从转角处或砌块定位处开始，采用摩擦式夹具，按砌块排列图将所需砌块吊装就位。

(3) 砌块吊装就位后，用托线板检查砌块的垂直度，拉准线检查水平度，并用撬棍、楔块调整偏差。

(4) 竖缝可用夹板在墙体内外夹住，然后灌砂浆，用竹片插或铁棒捣，使其密实。当砂浆吸水后用刮缝板把竖缝和水平缝刮齐。灌缝后，一般不应再撬动砌块，以防破坏砂浆黏结力。

(5) 当砌块间出现较大竖缝或过梁找平时，应镶砖。镶砖砌体的竖直缝和水平缝应控制在 15 ~ 30mm 以内。镶砖工作应在砌块校正后即刻进行，镶砖时应注意使砖的竖缝灌密实。

(二) 质量标准

1. 一般规定

(1) 施工时所用的小砌块的产品龄期不应小于 28d。

(2) 砌筑小砌块时，应清除表面污物和芯柱用小砌块孔洞底部的毛边，剔除外观质量不合格的小砌块。

(3) 施工时所用的砂浆，宜选用专用的小砌块砌筑砂浆。

(4) 底层室内地面以下或防潮层以下的砌体，应采用强度等级不低于 C20(或 Cb20) 的混凝土灌实小砌块的孔洞。

(5) 小砌块砌筑时，在天气干燥炎热的情况下，可提前洒水湿润小砌块；对轻集料混凝土小砌块，可提前浇水湿润。小砌块表面有浮水时，不得施工。

(6) 承重墙体严禁使用断裂小砌块。

(7) 小砌块墙体应对孔错缝搭砌，搭接长度不应小于 90mm。墙体的个别部位不能满足上述要求时，应在灰缝中设置拉结钢筋或钢筋网片，但竖向通缝仍不得超过两皮小砌块。

(8) 小砌块应底面朝上反砌于墙上。

(9) 浇灌芯柱的混凝土，宜选用专用的小砌块灌孔混凝土，当采用普通混凝土时，其坍落度不应小于 90mm。

(10) 填充墙砌体砌筑前块材应提前2d浇水湿润。

2. 主控项目

(1) 小砌块和砂浆的强度等级必须符合设计要求。

(2) 小型砌块砌体水平灰缝的砂浆饱满度，应按净面积计算，不得低于90%; 竖缝凹槽部位应用砌筑砂浆填实; 不得出现瞎缝、透明缝。

(3) 小型砌块砌体墙体转角处和纵横交接处应同时砌筑。临时间断处应砌成斜槎，斜碴水平投影长度不应小于斜槎的高度。施工洞口可预留直栏，但在洞口砌筑和补砌时，应在直楼上下搭砌的小砌块空洞内用强度等级不低于C20的混凝土灌实。

(4) 小砌块砌体的芯柱混凝土在楼盖处应贯通，不得削弱芯柱截面尺寸; 芯柱混凝土不得漏灌。

3. 一般项目

(1) 砌体的水平灰缝厚度和竖向灰缝宽度宜为10mm，不应小于8mm，但不应大于12mm。

(2) 蒸压加气混凝土砌块砌体和轻集料混凝土小型空心砌块砌体不应与其他块材混砌。

(3) 填充墙砌体留置的拉结钢筋或网片的位置应与块体皮数相符合。拉结钢筋或网片应置于灰缝中，埋置长度应符合设计要求，竖向位置偏差不应超过1皮高度。

(4) 填充墙砌筑时应错缝搭砌，蒸压加气混凝土砌块搭砌长度不应小于砌块长度的1/3; 轻集料混凝土小型空心砌块搭砌长度不应小于90mm; 竖向通缝不应大于2皮。

填充墙的水平灰缝厚度和竖向灰缝宽度应正确，烧结空心砖、轻集料混凝土小型空心砌块砌体的灰缝应为8~12mm; 当蒸压加气混凝土砌块砌体采用水泥砂浆、水泥混合砂浆或蒸压加气混凝土砌块砌筑砂浆时，水平灰缝厚度和竖向灰缝宽度不应超过15mm; 当蒸压加气混凝土砌块砌体采用蒸压加气混凝土砌块黏结砂浆时，水平灰缝厚度和竖向灰缝宽度宜为3~4mm。

第五节　砌筑工程的质量安全检查验收

一、砌体工程施工质量验收要求

（1）砌体材料：主要检查产品的品种、规格、型号、数量、外观状况及产品的合格证、性能检测报告等是否符合设计标准和规范要求。针对块材、水泥、钢筋、外加剂等还应检查产品主要性能的进场复验报告。

（2）砌筑砂浆：主要检查配合比、计量、搅拌质量（包括稠度、保水性等）、试块（包括制作、数量、养护和试块强度等）等是否符合设计标准和规范要求。

（3）砌体：主要检查砌筑方法、皮数杆、灰缝（包括宽度、瞎缝、假缝、透明缝、通缝等）、砂浆饱满度、砂浆黏结状况、块材的含水量、留槎、接槎、洞口、脚手眼、标高、轴线位置、平整度、垂直度、封顶及砌体中钢筋品种、规格、数量、位置、几何尺寸、接头等是否符合设计和规范要求。

（4）其他：砌体施工时，楼面和屋面堆载不得超过楼板的允许荷载值。

二、砌体工程施工安全检查要求

（1）在砌筑操作前，必须检查施工现场各项准备工作是否符合安全要求，如道路是否畅通，机具是否完好牢固，安全设施和防护用品是否齐全，经检查符合要求后才可施工。

（2）施工人员进入现场必须戴好安全帽。砌筑基础时，应检查和注意基坑土质的变化情况。堆放砖石材料应离开坑边 1m 以上。砌墙高度超过地坪 1.2m 时，应搭设脚手架。架上堆放材料不得超过规定荷载值，堆砖高度不得超过三皮侧砖，同一块脚手板上的操作人员不应超过两人。按规定搭设安全网。

（3）不准站在墙顶上做画线、刮缝及清扫墙面或检查大角垂直等工作。不准用不稳固的工具或物体在脚手板上垫高操作。

（4）工作完毕应将脚手板和砖墙上的碎砖、灰浆清扫干净，防止掉落伤人。不准站在墙上做画线、刮缝、吊线等工作。山墙砌完后，应立即安装桁条或临时支撑，防止倒塌。

(5) 雨天或每日下班时，应做好防雨准备，以防雨水冲走砂浆，致使砌体倒塌。冬季施工时，脚手板上如有冰霜、积雪，应先清除后才能上架子进行操作。

(6) 砌石墙时不准在墙顶或架上修石材，以免振动墙体影响质量或石片掉下伤人。不准勉强在超过胸部的墙上进行砌筑，以免将墙体碰撞倒塌或上石时失手掉下造成安全事故。运石上下时，脚手板要钉装牢固，并钉防滑条及扶手栏杆。

(7) 对有部分破裂和脱落危险的砌块，严禁起吊；起吊砌块时，严禁将砌块停留在操作人员的上空或在空中整修；砌块吊装时，不得在下一层楼面上进行其他任何工作；卸下砌块时应避免冲击，砌块堆放应尽量靠近楼板两端，不得超过楼板的承重能力；砌块吊装就位时，应待砌块放稳后，方可松开夹具。

(8) 凡脚手架、龙门架搭设好后，须经专人验收合格后方准使用。

参考文献

[1] 林永洪 . 建筑理论与建筑结构设计研究 [M]. 长春：吉林科学技术出版社，2023.
[2] 姜峰，卜刚，李卉森 . 现代建筑结构设计的技巧研究 [M]. 哈尔滨：北方文艺出版社，2022.
[3] 张志勇，肖云华，康秀梅 . 建筑结构优化设计与造价管理 [M]. 汕头：汕头大学出版社，2022.
[4] 侯立君，贺彬，王静 . 建筑结构与绿色建筑节能设计研究 [M]. 北京：中国原子能出版社，2020.
[5] 娄宇，王昌兴 . 装配式钢结构建筑的设计、制作与施工 [M]. 北京：机械工业出版社，2021.
[6] 杨溥，刘立平 . 建筑结构试验设计与分析 [M]. 重庆：重庆大学出版社，2022.
[7] 梁志峰，刘杨，姚一帆 . 建筑结构设计与施工 [M]. 北京：中国石化出版社，2023.
[8] 马骥，宋继鹏，杜书源 . 建筑结构设计与工程管理 [M]. 长春：吉林科学技术出版社，2024.
[9] 田凯，兰海峰，杨宏亮 . 建筑结构设计与施工工程 [M]. 汕头：汕头大学出版社，2024.
[10] 魏颖旗，张敏君，王淼 . 现代建筑结构设计与市政工程建设 [M]. 长春：吉林科学技术出版社，2022.
[11] 郭仕群 . 高层建筑结构设计 [M]. 重庆：重庆大学出版社，2022.
[12] 胡群华，刘彪，罗来华 . 高层建筑结构设计与施工 [M]. 武汉：华中科技大学出版社，2022.
[13] 孙宁，徐巍，向梦华 . 建筑设计与施工技术 [M]. 武汉：华中科技大学出版社，2023.

[14] 颜培松，史润涛，尹婷 . 建筑工程结构与施工技术应用 [M]. 天津：天津科学技术出版社，2021.

[15] 刘景春，刘野，李江 . 建筑工程与施工技术 [M]. 长春：吉林科学技术出版社，2020.

[16] 路明 . 建筑工程施工技术及应用研究 [M]. 天津：天津科学技术出版社，2020.

[17] 周太平 . 建筑工程施工技术 [M]. 重庆：重庆大学出版社，2019.

[18] 何相如，王庆印，张英杰 . 建筑工程施工技术及应用实践 [M]. 长春：吉林科学技术出版社，2021.

[19] 胡广田 . 智能化视域下建筑工程施工技术研究 [M]. 西安：西北工业大学出版社，2022.

[20] 张志伟，李东，姚非 . 建筑工程与施工技术研究 [M]. 长春：吉林科学技术出版社，2021.

[21] 刘太阁，杨振甲，毛立飞 . 建筑工程施工管理与技术研究 [M]. 长春：吉林科学技术出版社，2022.

[22] 肖义涛，林超，张彦平 . 建筑施工技术与工程管理 [M]. 长春：吉林人民出版社，2022.